コドンとアミノ酸の対応表（表11・3　p.140）

2番目の塩基

1番目の塩基		U	C	A	G	3番目の塩基
	U	UUU Phe UUC 〃 UUA Leu UUG 〃	UCU Ser UCC 〃 UCA 〃 UCG 〃	UAU Tyr UAC 〃 UAA 〔stop〕 *UAG 〔stop〕	UGU Cys UGC 〃 UGA 〔stop〕 UGG Trp	U C A G
	C	CUU Leu CUC 〃 CUA 〃 CUG 〃	CCU Pro CCC 〃 CCA 〃 CCG 〃	CAU His CAC 〃 CAA Gln CAG 〃	CGU Arg CGC 〃 CGA 〃 CGG 〃	U C A G
	A	AUU Ile AUC 〃 AUA 〃 AUG Met	ACU Thr ACC 〃 ACA 〃 ACG 〃	AAU Asn AAC 〃 AAA Lys AAG 〃	AGU Ser AGC 〃 AGA Arg AGG 〃	U C A G
	G	GUU Val GUC 〃 GUA 〃 **GUG 〃	GCU Ala GCC 〃 GCA 〃 GCG 〃	GAU Asp GAC 〃 GAA Glu GAG 〃	GGU Gly GGC 〃 GGA 〃 GGG 〃	U C A G

＊　3つの終止コドンのうちUAGはアンバーコドンとよばれる．
＊＊　GUGはまれに開始コドンとしても用いられる．

よくわかる
スタンダード生化学

東京工業大学名誉教授

Ph. D.

有坂 文雄 著

裳華房

Introduction to Standard Biochemistry

by

FUMIO ARISAKA, Ph. D.

SHOKABO
TOKYO

はじめに

　1996年初版の『スタンダード生化学』は，発刊以来生化学の新しい発展に即して，その都度トピックスを補うなどの改訂を行ってきたが，今回，刊行20年を前に，その親本を元に全面的な見直しを行い，『よくわかるスタンダード生化学』として，体裁も新たに生まれ変わることになった．刊行に当たっては，データを更新し，構造式などの図を見やすくしたほか，側注を使って本文の補足やトピックスを追加した．

　この20年間の大きな出来事としては，ヒューマンゲノムプロジェクトの成果として，ヒトゲノムの全塩基配列が決定され，バクテリアはもとより，線虫，ショウジョウバエなど多くの生物種のゲノムの構造が明らかになり，その結果，生化学がゲノム構造を基にして理解できるようになってきたことが挙げられる．また，構造生物学の発展も著しく，2009年度のノーベル化学賞の対象となった翻訳装置リボソームの立体構造解明をはじめとして，多くの重要なタンパク質複合体の立体構造が明らかになり，代謝における反応や制御の機構がタンパク質の立体構造を基に理解されるようになってきた．

　2006年には山中伸弥教授によってiPS細胞が確立された（2012年ノーベル生理学・医学賞）．iPS細胞は再生医療の分野において多くの応用が期待されているが，基礎生物学として興味深いのは，発生における幹細胞の分化のメカニズムが，分化した細胞から幹細胞へという逆の過程を可能にすることによって理解されようとしていることである．発生学と生化学にはまだ大きな溝があるが，今や発生も生化学の面から理解されようとしている．

　本書は生化学の基本を身につけることを目的として書かれており，上記のような最先端の問題には十分触れることはできないが，生化学の基礎を学んだ後は，さらに多くの重要な生命現象を分子レベルで理解する方向へと進んでほしいと願っている．そのための参考書を巻末に挙げてある．

　執筆の段階で多くの方に御教示をあおいだ．いちいちお名前はあげないが，この場をお借りして厚く御礼申しあげる．親本の執筆の機会を与えてくださった千葉大学名誉教授 丸山工作先生（故人）には原稿の細かい点まで目を通していただき，貴重な御助言をいただいた．筆者を生命科学研究へと導いてくださった丸山先生からその分野の入門書を書くよう依頼されたことに感慨をいだ

いている．また，裳華房の野田昌宏氏には今回の刊行に当たっても大変お世話になった．野田氏のご助力なくしては新版の刊行は実現しなかった．なお，親本第5版の改訂の際，元鳥取大学教授 永井 純先生から数多くの御指摘をいただき，誤りの訂正，記述の改良をすることができた．ここに記して感謝申しあげる．本書を通して多くの学生諸君が生化学に触れ，親しみを持ってもらえれば，筆者の喜びはこれに勝るものはない．

2015年10月

有 坂 文 雄

目　次

1. 細　胞 －生命の場－ — 1

1・1　細　胞　　1	1・4・1　生体エネルギー － ATP －　　5
1・2　水と生命　　2	1・4・2　物質変換
1・3　細胞膜　　3	－ 物質変換の鍵化合物アセチル CoA －　　6
1・4　代謝と生体情報　　4	1・4・3　生体情報 － 遺伝情報と情報伝達 －　　7

2. アミノ酸とタンパク質 — 9

2・1　アミノ酸　　11	2・2・3　三次構造　　18
2・1・1　疎水性アミノ酸　　11	2・2・4　四次構造　　20
2・1・2　親水性アミノ酸　　12	2・2・5　球状タンパク質と繊維状タンパク質　　23
2・1・3　硫黄を含むアミノ酸　　13	2・2・6　膜タンパク質　　24
2・2　タンパク質　　15	2・2・7　複合タンパク質　　25
2・2・1　一次構造　　16	【練習問題】　　26
2・2・2　二次構造　　16	

3. ヌクレオチドと核酸 — 28

3・1　核酸とは何か　　28	3・4　染色体　　36
3・2　核酸塩基・ヌクレオシド・ヌクレオチド　　30	3・5　制限酵素と遺伝子工学　　37
3・3　DNA と RNA　　32	【練習問題】　　42

4. 糖　質 — 43

4・1　糖質とは何か　　43	4・4　多糖類　　51
4・2　単糖類　　44	4・5　糖タンパク質　　54
4・3　オリゴ糖　　50	【練習問題】　　56

5. 脂　質 — 57

- 5・1　脂質とは何か　57
- 5・2　脂質の種類と構造　57
  - 5・2・1　単純脂質　58
  - 5・2・2　複合脂質　63
- 5・3　リポタンパク質　66
- 5・4　脂質結合タンパク質　66
- 5・5　脂質と生体膜　67
- 5・6　界面活性剤　68
- 【練習問題】　70

6. ヘモグロビンとミオグロビン — 71

- 6・1　ミオグロビンの酸素結合　72
- 6・2　ヘモグロビンの酸素結合　73
- 6・3　異常ヘモグロビン　75
- 【練習問題】　77

7. 酵　素 — 78

- 7・1　酵素とは何か　78
- 7・2　酵素の反応速度論　79
- 7・3　補因子　82
- 7・4　酵素反応の阻害　82
  - 7・4・1　競争的阻害　83
  - 7・4・2　非競争的阻害　84
  - 7・4・3　反競争的阻害　85
- 7・5　酵素反応の機構　86
- 7・6　アロステリック酵素　88
- 7・7　プロセッシングによる酵素の活性化　89
- 7・8　酵素の種類　89
- 【練習問題】　93

8. 代　謝 I －ATPの産生－ — 94

- 8・1　解糖系　94
- 8・2　クエン酸回路　98
- 8・3　電子伝達系　100
- 8・4　代謝経路の調節　102
- 8・5　血液中のグルコース濃度（血糖値）の調節　103
- 8・6　脂質の分解と脂肪酸のβ酸化　106
- 8・7　尿素回路　109
- 【練習問題】　111

9. 代　謝 II －糖と脂肪酸の合成－ ……… 112

- 9・1　糖新生　112
- 9・2　脂質の生合成　114
  - 9・2・1　脂肪酸の合成　114
  - 9・2・2　トリアシルグリセロールの合成　116
  - 9・2・3　不飽和脂肪酸の合成と必須脂肪酸　117
  - 9・2・4　ペントースリン酸回路　117
- 【練習問題】　119

10. 光合成（炭酸固定）と窒素固定 ……… 120

- 10・1　光合成電子伝達反応　120
- 10・2　二酸化炭素の固定　123
- 10・3　窒素の固定　124
- 【練習問題】　126

11. DNA の複製と遺伝情報の発現 ……… 127

- 11・1　DNA の複製　127
- 11・2　DNA の修復　132
- 11・3　DNA の転写 － mRNA の合成－　133
- 11・4　遺伝暗号と転移 RNA　140
- 11・5　mRNA の翻訳 －タンパク質の合成－　141
- 【練習問題】　148

12. 生化学の広がり ……… 149

- 12・1　超分子　149
- 12・2　視　覚　153
- 12・3　運動と筋肉　154
- 12・4　ウイルスとがん　157
- 12・5　免　疫　157
  - 12・5・1　抗体応答　158
  - 12・5・2　細胞性応答　160
  - 12・5・3　抗体分子　161
  - 12・5・4　AIDS（後天性免疫不全症候群）　163
- 12・6　オートファジー（自食作用）　163
- 12・7　発生・分化・形態形成　164
- 12・8　進化と中立説　165

各章練習問題の解答例　168

参考書案内　177

索　引　178

コラム

pK_a	*14*
タンパク質の等電点	*15*
糖の甘さについて	*55*
アロステリーについて	*76*
血液凝固系	*91*
パスツール効果	*97*
ホルモン	*106*
水栽培	*122*
C_3 植物と C_4 植物	*124*
タバコモザイクウイルス (TMV) の構造形成	*139*
DNA の半保存的複製	*147*

トピックス

分子シャペロン	*25*
タンパク質工学	*26*
リボザイム	*41*
血液型の糖鎖	*55*
シトクロム P450	*69*
ホスホリパーゼ C	*70*
洗剤や薬に含まれている酵素	*92*
抗体酵素	*92*
お酒に強い人と弱い人	*110*
コレステロール受容体	*118*
二酸化炭素濃度の推移	*126*
遺伝子工学	*146*

1. 細 胞
― 生命の場 ―

　本章では生化学の舞台装置である細胞の構造について簡単に述べ，生化学反応の起こる場としての水の特徴を考える．また，細胞内外のイオン組成の違いにふれ，細胞膜が単なる外界との仕切りであるだけではなくて，外界の情報を受け入れる窓口であり，細胞内の環境を一定に保つ能動的な機能をもった構造であることを述べる．

1・1　細　胞

　生物は細胞内の遺伝物質 DNA の存在様式によって大きく2つに分類される．細胞内に核をもつ**真核生物**と，核をもたない**原核生物**である（図1・1）．私たちの周りにあって目で見ることのできる植物や動物はすべて真核生物であり，核膜におおわれた染色体をもつ．

　染色体を構成する DNA は塩基性タンパク質ヒストンによって形成されるヌクレオソームを数珠玉のように連ねた縄のような構造になり，これがさらにらせんを巻いた構造をしている．染色体はこの超らせんがさらに高次な構造を構成したものである（図3・11参照）．

　多細胞生物はすべて真核生物であるが，真核生物の中にも酵母やクラミドモナスのような単細胞生物もある．

　真核生物の細胞内には，細胞の発電所

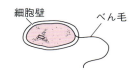
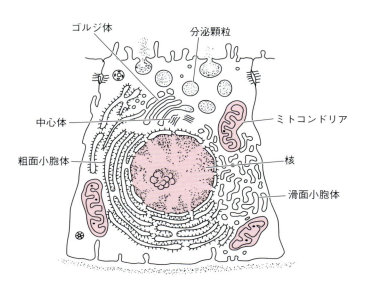

図1・1　原核生物（上）と真核生物（動物）の細胞

といわれ，酸化的リン酸化（8章）を行うミトコンドリアや，内部が酸性でタンパク分解酵素を多く含むリソソーム，タンパク質の糖鎖による修飾などを行うゴルジ体などの細胞小器官（オルガネラ）がある．また，細胞内は小胞体という膜組織が網目状に広がっていて，細胞内を区分け（コンパートメント）しており，その中でとくにタンパク質合成装置であるリボソームが多く結合している部分は粗面小胞体とよばれる．

さらに，細胞質内にはチューブリンというタンパク質からなる微小管，アクチンからなるミクロフィラメント，ビメンチンやデスミンからなる中間フィラメントなどが縦横に走っていて細胞骨格とよばれ，細胞の形を支えているだけでなく，原形質流動を含む細胞運動にも重要な役割を果たしている．ミトコンドリアなどの細胞小器官は細胞内に浮遊しているのではなくてこれらの細胞骨格に結合している．

原核生物はバクテリア（細菌）やある種の藻類や古細菌を含み，核構造をもたないが，核様体（ヌクレオイド）という構造を形成していて，真核生物とは異なる方法でDNAをまとめている．

図1・1に動物，バクテリアの典型的な細胞の構造が示してある．

1・2　水と生命

生体物質について考える前に，生命現象の場である水について考えておこう．水がないところには生命は存在できない．代謝反応は水中で起こるし，タンパク質や核酸も水分子が構造を安定化している．水の構造を図1・2に示す．

水は地球上に広く存在しているが，最もありふれた分子でありながら同じくらいの分子量をもつ他の物質とは大きく異なる性質をもっている．すなわち，

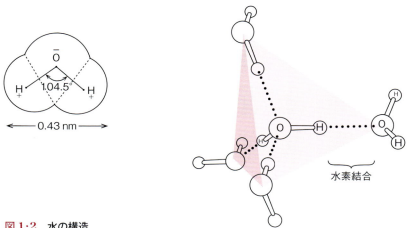

図1・2　水の構造

①沸点や融点が高く，②多くの塩をよく溶かし，③4℃，つまり液体状態で密度が最大になる．これらは生命を支える大事な性質であるが，すべて水が極性をもつ溶媒であって，水素結合を形成しやすいことに起因している．

極性があるというのは分子中の電子が片寄って存在しているということである．これは分子を構成している原子によって電気陰性度が異なることによる．水分子の場合，水素に比べて酸素の電気陰性度が高いために電子が酸素の方に引きつけられ，酸素は若干負に，水素原子は逆に正に帯電している．そして，水素原子は他の水分子の酸素原子と静電的に引き合い，水素結合が生じる．水素結合はX—H・・・Yと表され，主として静電相互作用だが，X・・・H—Yのような共鳴構造をもち，共有結合的な性格ももっていて普通の静電相互作用よりも強い．

細胞質や血液などには多くの塩が溶けている（表1・1）．細胞内外でのイオン組成は海水のイオン組成とよく似ている．このことは地球上の生命が海に起源をもっているという考えを支持する証拠の1つと考えられている．さらに，細胞内外のイオン組成の違いに注目しよう．ここで重要なのは細胞内外でナトリウムイオン（Na^+）とカリウムイオン（K^+）の濃度が逆転していることである．細胞内部ではNa^+濃度が低く，K^+濃度が高いが，細胞外では逆にNa^+濃度が高く，K^+濃度が低い．この濃度差を保つために細胞膜（次節参照）にはナトリウムポンプとよばれるナトリウムのくみ出し機構があって，ATPのエネルギーを使ってナトリウムを外にくみ出し，同時にカリウムを内部に取り込んでいる．

（写真提供：NASA/Johns Hopkins University Applied Physics Laboratory/Carnegie Institution of Washington）

表1・1　細胞内外のイオン組成

		細胞内 (mM)	細胞外 (mM)
カチオン	Na^+	5〜15	145
	K^+	140	5
	Mg^{2+}	0.5	1〜2
	Ca^{2+}	10^{-4}	1〜2
	H^+	8×10^{-5}	4×10^{-5}
アニオン	Cl^-	5〜15	110

脂質が細胞膜を形成するのにも水が必要である．これについては脂質のところでさらに述べる．タンパク質や核酸の立体構造の維持にも水素結合で結合した水分子が重要な役割を果たしている．

1・3　細胞膜

細胞は膜によって外界との境界を形成している．外界と境界を画することに

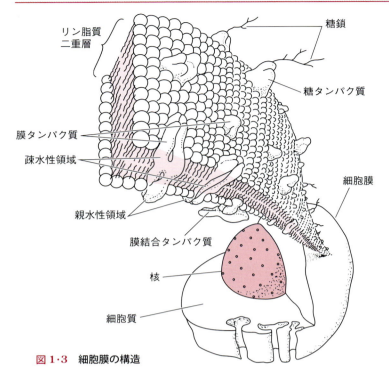

図 1・3　細胞膜の構造

よって，単細胞生物は個体として独立した行動単位になり，多細胞生物では1つのまとまった機能単位になることが可能になる．細胞膜は単なる外界との区切りを画しているだけではなく，外界と物質やエネルギーの交換を行う場でもある．そのために細胞膜にはタンパク質でできた種々のチャネルや受容体（レセプター）があって，物質を取り込んだり，ホルモンなどが受容体に結合することによってその情報を内部に伝えている（図 1・3）．

真核生物の細胞内にはミトコンドリア，リソソームなどのオルガネラとよばれる構造体があり，細胞膜と同じような脂質二重層の膜で囲まれている．

植物では細胞膜の外にさらに細胞壁をもつのが普通である．細胞壁はセルロースやペクチンなどからできている．細菌も細胞壁をもつが，細菌の細胞壁は4章で述べるペプチドグリカンがペプチドの部分で結合して固いネットワーク構造を作り，細胞の形を決めている．

1・4　代謝と生体情報

細胞は生体の最小単位であり，細胞自体がすでに生物の特徴である自己複製，代謝，環境適応を行う能力を備えている．細胞を構築，維持するためにはエネルギーと，種々の生体高分子を含む化合物が必要である．代謝とは細胞の外から物質を取り込んで必要な物質に変えたり，取り込んだ物質を分解することによってエネルギーを取り出す過程である．そのエネルギーは主にATP（8章）の形で貯えられ，使用される．

他方，種々の環境の変化に対応して細胞内の環境を一定に保つ（ホメオスタシス）ために，細胞は細胞膜を介して情報のやりとりを行う．細胞膜は細胞内に物質を選択的に取り込むが，同時に血流や体液によって運ばれてくるホルモンなどの情報分子を認識して結合する受容体（レセプター）をもっていて，こ

れらの分子を感知し，体全体が環境に適応した行動をとることができるようになっている．

1・4・1 生体エネルギー ― ATP ―

生物は細胞内外で仕事をするとき，ATP（アデノシン三リン酸；図3・3, p.31）を利用する．たとえば，いろいろな代謝反応でエネルギー的には不利な方向に反応を進行させなければならない．その場合にはエネルギーが必要で，そのためにATPの分解反応で放出されるエネルギーが利用される．このとき，反応は「ATP分解反応と共役している」といわれる．代謝におけるATP分解との共役は，糖新生（9章）をはじめ，多くの反応で見られる．

ATPのエネルギーは，原形質流動や筋肉の収縮のような力を発生する場所でも使われる．ATPは何にでも使える生体エネルギーの通貨であるといえる．代謝反応の主要な目的の1つはATPの生産である．

ATPは糖や脂質を分解する過程で，主として酸化的リン酸化（8・3節）によってADPにリン酸を付加することで合成される．その糖や脂質の供給源は，主として米や野菜や肉である．米や野菜，すなわち植物は，光合成（暗反応）によって糖を合成する．肉になる草食動物は植物から糖質を摂取する．したがっ

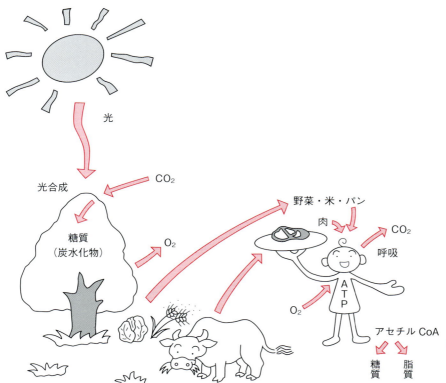

図1・4 エネルギー循環（すべてのエネルギーの源は太陽）

て，元をただせば ATP のエネルギーは太陽から来る，ということができる（図 1・4）．

　結局，生物のエネルギーの源は太陽の光であり，生物はこのエネルギーを利用して糖や脂質を合成する．そして，これを再び CO_2 にまで分解する過程で，エネルギー通貨である ATP を合成しているのである．

1・4・2　物質変換 ― 物質変換の鍵化合物アセチル CoA ―

　代謝のもう1つの目的は，取り込んだ物質を細胞が必要としている他の物質に変換することである．米などの主成分であるデンプンはグルコースの重合体であるが，生体内ではまずグルコース（ブドウ糖）まで分解された後，解糖系でさらにピルビン酸にまで分解され，ピルビン酸はコエンザイム A（CoA）と結合して**アセチル CoA**（コエイと読む）が生成される（8章）．

　アセチル CoA はクエン酸回路の出発物質であるほか，脂肪酸合成の出発物質でもある（図 1・5）．甘いもの（糖質）を食べてなぜ太る（脂質の蓄積）かは，

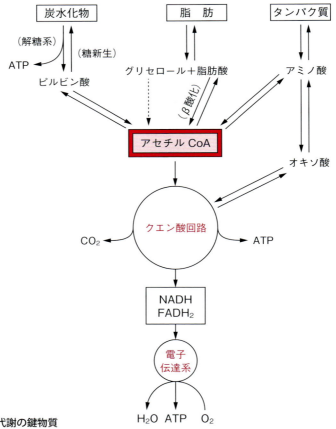

図 1・5　アセチル CoA は代謝の鍵物質

この図を見ると納得できる．

生体分子に含まれる元素を見てみよう．タンパク質の構成成分であるアミノ酸には炭素（C），水素（H），酸素（O）のほかに窒素原子（N），硫黄原子（S）が含まれており，核酸の構成成分であるヌクレオチドには硫黄がないかわりにリン原子（P）が含まれている．したがって，栄養源としてはC，H，Oだけからなるグルコースでは不十分であることがわかる．これらの元素のうち，硫黄とリンは生物が利用できる形で無機塩として地中に存在しているが，窒素を含む硝酸塩などは十分でなく，大半は生物が空気中の窒素分子から生成する以外に方法がない．すなわち，窒素固定である．主としてマメ科の植物に寄生する根粒バクテリアをはじめとする窒素固定菌によって分子状窒素がアンモニアに還元され，他のバクテリアや植物に吸収される（図1・6）．

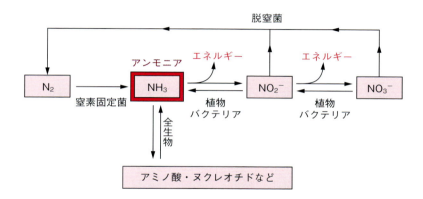

図1・6 窒素の循環

タンパク質，核酸，脂質，糖質などの生体高分子のほかに，ヘムや種々のビタミン，補酵素など，低分子で必須な化合物が生体内で合成される．

こうして合成された生体分子は細胞内の必要な場所に運ばれたり，体液や血液によって遠く離れた細胞まで輸送されたりする．

1・4・3　生体情報 ― 遺伝情報と情報伝達 ―

「情報」という言葉は生化学では主として2つの異なる意味で用いられている．1つは『遺伝情報』であり，もう1つは生体内外からの『信号』である．

遺伝情報はDNAに書き込まれている生物の設計図である．DNAに書き込まれている遺伝情報は大まかにいって，タンパク質をコード（指令）している部分とそのタンパク質の情報の発現を制御している部分とからなっている．遺伝子は常に発現しているものもあるが，必要なときにだけ発現するものが多い．

発現とは，DNA の塩基配列が mRNA に転写され，塩基配列がアミノ酸配列に翻訳されてタンパク質となることである．このように遺伝情報が DNA → RNA →タンパク質という方向に伝わり，その逆，すなわちタンパク質のアミノ酸配列が核酸の配列に転写されるような方向の情報伝達はない，というのが，クリックの提唱した**セントラルドグマ（中心教義）**と言われるものである．

遺伝情報は生物特有の情報である．遺伝情報はコンピュータにたとえれば読み出し専用のメモリー（ROM）といえるが，私たちが日常語として使っている「情報」とはひと味違った意味合いをもっている．それは世代から世代へと受け継がれていく情報であり，何億年という気が遠くなるような生命の長い歴史を担った情報だという点である．遺伝子には生物の進化の長い歴史が刻まれており，遺伝情報の研究は，生物機能の研究であると同時に生命の起源，進化の研究にもつながっている．

遺伝情報と共に重要な生物情報に，外界の『信号』または『刺激』がある．生物の周りの環境は時々刻々と変化している．生物はこのような外界の変化に抗して自己の状態を一定に保っている．これを生体恒常性維持（ホメオスタシス）とよんでいる．気温の変化に影響されずに体温を一定に保つなどはその一例である．同様に，よりよい環境を求めて光のある方向に移動したり（走光性），餌のある方向に移動（走化性）しようとする．すなわち，なんらかの信号を受け取ってそれを生体内の細胞に伝え，その信号に応答するわけである．この一連の過程は**情報伝達**（signal transduction）とよばれていて，盛んに研究が進められている．この意味での生体情報には，生物体の外から入ってくる光，温度，熱，臭いなどもあるが，ホルモンや，脳から組織への電気信号など，生体内で伝達される情報が重要である．

生命活動を支える重要な生体分子には，糖，アミノ酸，ヌクレオチド，脂肪酸などがある．これらの分子は，タンパク質，核酸，脂質などの生体高分子の構成要素であるばかりでなく，補酵素やホルモンなどになって酵素機能の調節や情報伝達に重要な役割を果たしている．また，糖や脂肪酸は分解の過程でエネルギーとなる ATP を生産する．以下の章ではまず，これらの生体分子の構造と機能について述べる．

2. アミノ酸とタンパク質

　生体内にはいろいろな種類のアミノ酸があるが，タンパク質の材料となるアミノ酸は20種類に限られている．できあがったタンパク質には20種以外のアミノ酸が含まれていることもあるが，これはタンパク質が合成された後で酵素によって修飾されたものである．これらのアミノ酸は，すべて α アミノ酸で，α 位の炭素，すなわちカルボキシ基の結合している炭素に同時にアミノ基が結合している．20種類のアミノ酸は側鎖（R）がそれぞれ異なっている．

　α 炭素はグリシンを除いて，4つの結合部位に異なる原子または原子団（基）が結合する不斉原子なので**鏡像異性体**ができる（図2・1a）．鏡像異性体は L 形と D 形に区別されるが，タンパク質に取り込まれるアミノ酸はすべて L 形である（図2・1b）[*2-1]．

　20種のアミノ酸の側鎖の構造を図2・2に示す．アミノ酸は**疎水性−親水性**，酸性−塩基性という観点から，図2・2で囲まれたようないくつかの種類に分類できる．疎水性は油にどれだけ溶けやすいかという指標であり，親水性は水にどれだけ溶けやすいかという指標である．

[*2-1] IUPAB（国際純粋および応用生物物理学連合）の正式な命名法では，アミノ酸は R 形と S 形に分けられる．この命名法では L-アミノ酸は S-アミノ酸，D-アミノ酸は R-アミノ酸となるが，硫黄原子をもつ L-システインは例外的に R-アミノ酸となる．

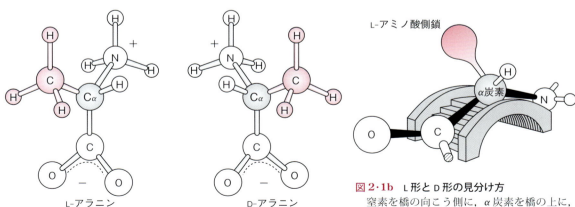

図2・1a　アミノ酸の鏡像異性体（L形とD形）

図2・1b　L形とD形の見分け方
窒素を橋の向こう側に，α炭素を橋の上に，カルボニルの炭素をこちら側に向けたとき，アミノ酸側鎖が左側にくるのが L 形である．逆に右側にきたときが D 形である．

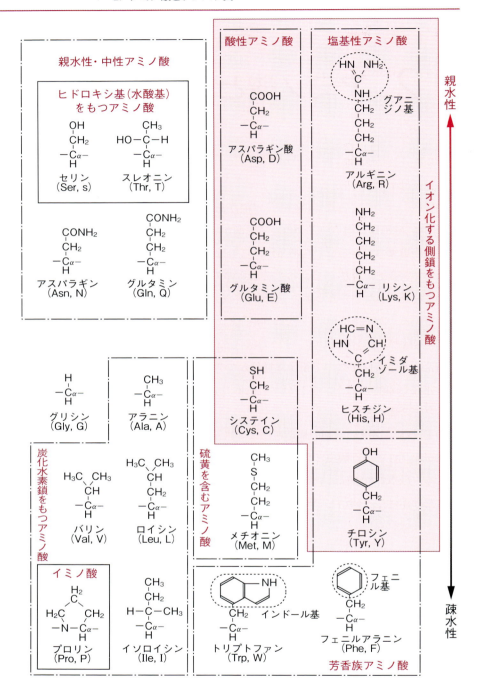

図2・2 タンパク質を構成する20種のアミノ酸．括弧内は3文字略号と1文字略号
(『図説 生化学』石倉久之ら，丸善株式会社 より改変)

2·1 アミノ酸

2·1·1 疎水性アミノ酸

▶**非極性の脂肪族側鎖をもつアミノ酸**

グリシン（Gly, G），アラニン（Ala, A），バリン（Val, V），
ロイシン（Leu, L），イソロイシン（Ile, I），プロリン（Pro, P）

　グリシンは，側鎖をもたない（水素原子のみ）が，便宜上ここに入れてある．グリシンはL形，D形の区別がない唯一のアミノ酸で，β炭素がないためにほかのアミノ酸と比べて自由な構造（コンホメーション[*2-2]）をとることができる．

　脂肪族側鎖（アルキル基）をもつこれらのアミノ酸の側鎖は**疎水性相互作用**で互いに集まろうとする傾向があり，球状タンパク質の内側に多い．ロイシンがγ位の炭素で枝分かれしているのに対し，バリンとイソロイシンではβ位の炭素で枝分かれしている．

　プロリンだけは正確にいうとアミノ酸ではなくてイミノ酸であって，メチレン基が4個つながった側鎖の先端がαアミノ基と結合した形になっている．グリシンとプロリンはタンパク質の構造を形成する上で特殊な役割を担っている（2·2·2項を参照）．

▶**芳香族の側鎖をもつアミノ酸**

フェニルアラニン（Phe, F），チロシン（Tyr, Y），
トリプトファン（Trp, W）

　フェニル基をもつフェニルアラニン，フェノール基をもつチロシンやインドール基をもつトリプトファンも脂肪族側鎖と同様に疎水性で，タンパク質の内部に多く存在する．タンパク質を定量するときに280 nmの**紫外吸収**を用いることが多いが，この吸収はほとんどがトリプトファンとチロシンの吸収によるものである．図2·3にトリプトファン，チロシン，フェニルアラニンの紫外吸収スペクトル，図2·4にタンパク質の典型的な紫外吸収スペクトルを示してある[*2-3]．チロシンのヒドロキシ基（水酸基）はアルカリ性の条件で解離して負の電荷をもち，それに伴って吸収スペクトルが変化する．

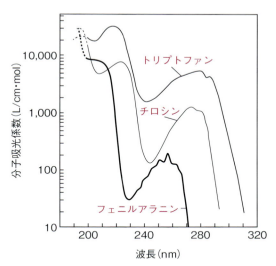

図2·3　芳香族アミノ酸の紫外吸収スペクトル
縦軸が対数であることに注意

[*2-2] コンホメーションとコンフィグレーション：共有結合を切らずに1つの立体構造からほかの立体構造に転換できるとき，2つの構造はコンホメーションが異なるという．これに対して，L-アミノ酸とD-アミノ酸のように共有結合を切断・再結合することなしには互いに他の構造に移れないとき，2つの構造は異なるコンフィグレーションをもつという．

[*2-3] 多くのタンパク質では280 nm付近に最大吸収があるので，この吸収を利用して濃度の測定を行うことが多い．

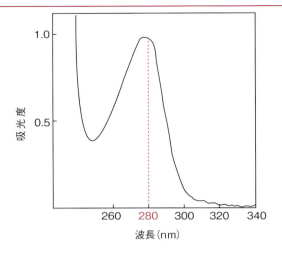

図2・4 タンパク質の紫外吸収スペクトル

2・1・2 親水性アミノ酸

疎水性アミノ酸が球状タンパク質の内側に多く存在するのに対して，親水性アミノ酸はタンパク質の外側にあって水と接している．

▶ヒドロキシ基をもつアミノ酸

セリン（Ser, S），スレオニン（Thr, T）

セリンやスレオニンのヒドロキシ基はアルカリ性の条件でも解離せず，反応性が低いが，**水素結合**を形成することができる．ただし，セリンは周りの残基の影響で活性になり，タンパク質分解酵素トリプシンなどの活性部位を構成することがある．セリンやスレオニンには糖鎖（O型糖鎖）やリン酸が結合することもある（p.54を参照）．

▶アミドをもつアミノ酸

アスパラギン（Asn, N），グルタミン（Gln, Q）

アスパラギンとグルタミンは側鎖のカルボキシ基がアミド化された形をしていて，極性をもっているために親水性である．アミド基は水素結合を形成できる．アスパラギンには糖鎖（N型糖鎖）が結合することがある（p.54を参照）．

▶酸性アミノ酸

アスパラギン酸（Asp, D），グルタミン酸（Glu, E）

アスパラギン酸，グルタミン酸の側鎖のカルボキシ基は中性で解離して負の電荷をもっているため，極性が高く，ほとんどがタンパク質分子の表面に出ている．アスパラギン酸は酵素の活性部位にあって触媒反応に関与していることがある．その場合，活性部位はタンパク質分子のくぼんだ奥にあって疎水性

＊2-4 親水性と疎水性：親水性は水への溶けやすさ，疎水性は油（炭化水素など）への溶けやすさを示す．電荷をもっていたり，OH基のように電子の分布に偏りのあるものは親水性（水も電荷の偏りがある．図1・2参照），電荷に偏りのないものは疎水性である．親水性分子どうし，疎水性分子どうしで集まる傾向がある．

の環境にあるため，異常に高いpK_a値をもっている（表2・1，囲み記事「pK_a」を参照）．普通のアスパラギン酸の側鎖のカルボキシ基のpK_aは4〜5だが，7に近いpK_a値をもつものもある（7章）．

表2・1 アミノ酸の解離基

解離基	解離反応	pK_a
α-カルボキシ基	R−COOH ⇌ RCOO⁻ + H⁺	2.0
β-カルボキシ基(Asp)	R−COOH ⇌ RCOO⁻ + H⁺	3.9
γ-カルボキシ基(Glu)	R−COOH ⇌ RCOO⁻ + H⁺	4.2
イミダゾール基(His)	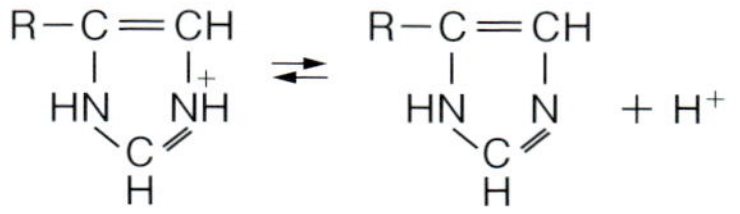 (イミダゾリウム) ⇌ (イミダゾール) + H⁺	6.0
フェノール基(Tyr)	 R−C₆H₄−OH ⇌ R−C₆H₄−O⁻ + H⁺	10.1
スルフヒドリル基(Cys)	R−SH ⇌ R−S⁻ + H⁺	8.3
α-アミノ基	R−NH₃⁺ ⇌ RNH₂ + H⁺	9.5
ε-アミノ基(Lys)	R−NH₃⁺ ⇌ RNH₂ + H⁺	10.0
グアニジノ基(Arg)	R−NH−C(=NH₂⁺)−NH₂ ⇌ R−NH−C(=NH)−NH₂ + H⁺	12.5

▶塩基性アミノ酸

リシン（Lys, K），アルギニン（Arg, R），ヒスチジン（His, H）

リシンのアミノ基，アルギニンのグアニジノ基は中性では正に荷電していて，側鎖の解離基は分子表面に存在する．アミノ基は反応性が高く，種々の試薬で修飾される．

イミダゾール基をもつヒスチジンは，中性付近にpK_a値をもつ唯一のアミノ酸であり，酵素の活性部位を形成することがある．また，Zn^{2+}などの金属イオンやヘムに配位することも多い．

2・1・3 硫黄を含むアミノ酸

メチオニン（Met, M），システイン（Cys, C）

20種のアミノ酸の中には硫黄原子をもつものが2つあり，メチオニンとシステインである．メチオニンはS-アデノシルメチオニン（SAM；図2・5）として代謝反応でメチル基供与体として重要な役割を果たしている．側鎖は疎水性である．

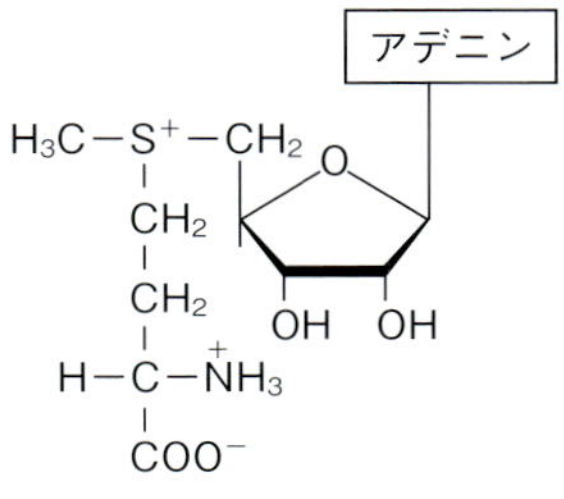

図2・5 S-アデノシルメチオニン

システインは，ヒスチジンのように Fe^{2+}，Zn^{2+} などの金属イオンを配位したり，パパインなどのプロテアーゼのように酵素の活性部位を形成する場合もある．また，酸化によりスルフヒドリル基（SH基）どうしで反応してジスルフィド結合を形成してタンパク質の構造を安定化している．ジスルフィド結合によって結合した2つのシステインをまとめてシスチンとよぶ．

★ pK_a ★

アミノ酸はαアミノ基とαカルボキシ基のほかに，アスパラギン酸，グルタミン酸，ヒスチジン，チロシン，システイン，リシン，アルギニンなど，側鎖にも解離基をもっている．これらの解離基はタンパク質の機能にとって重要であると同時に，タンパク質を電荷の違いによって分離する手段にもなる．

官能基の解離を支配する pK_a について覚えておこう．今，$AH \rightleftarrows A^- + H^+$ の反応で，解離定数を K_a とすると，

$$K_a = \frac{[A^-][H^+]}{[AH]}$$

両辺の log をとって，

$$\log K_a = \log [H^+] + \log \frac{[A^-]}{[AH]}$$

すなわち，

$$pH = pK_a + \log \frac{[A^-]}{[AH]} \tag{2-1}$$

p は $-\log$ を意味する．この式は，ヘンダーソン‐ハッセルバルヒ（Henderson-Hasselbalch）の式とよばれる．この式から，pK_a に等しい pH ではちょうど半分の水素イオンが解離していることがわかる（図2・6）．酵素の活性には，活性残基の解離の状態が重要なので，酵素活性は pH に強く依存する．表2・1にアミノ酸の解離基の pK_a をまとめてある．

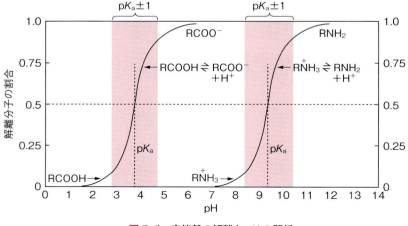

図2・6 官能基の解離と pH の関係

★タンパク質の等電点★

　タンパク質はN末端のαアミノ基とC末端のαカルボキシ基のほかに多くのアミノ酸側鎖の解離基をもっている.

　pHが低いところではアミノ基やグアニジノ基などのために正に帯電しているが，pHが高いところではカルボキシ基のために負に帯電している．そして，あるpHでは，電荷の総和がゼロになる．この電荷の総和がゼロになるpHを**等電点**とよんでいる．等電点はタンパク質によって大きく異なり，等電点電気泳動によってタンパク質を分離できる原理を与えている．タンパク質の荷電の性質はイオン交換クロマトグラフィーでも利用されている．

2・2　タンパク質

　タンパク質は糖質，脂質と並んで三大栄養素の1つに数えられている．タンパク質というと栄養というイメージをもっている人が多いかもしれない．栄養としてのタンパク質の第一の意義はアミノ酸を供給することである．実際，ヒトを含め，哺乳類などでは自分では合成できない**必須アミノ酸**（ヒトでは，V, I, L, T, K, M, F, W, Hの9種）があるので，確かに栄養としてのタンパク質は重要である．しかし，植物や微生物はすべてのアミノ酸を自ら合成できる．いずれにしても栄養としてのタンパク質は，細胞内で新たに合成されるタンパク質の部品としてのアミノ酸の調達源にほかならない．

　タンパク質が重要なのは，むしろそれが生命活動の最も重要な担い手であるからである．核酸が遺伝情報を担う情報分子であるのに対して，タンパク質は実際に行動する分子である．DNAはそれがどんな遺伝子を含むものであれ，生体高分子としての性質は大きくは変わらないが，タンパク質はそれぞれ特有の個性をもっていて性質は千差万別である．

必須アミノ酸：ヒトではバリン，イソロイシン，ロイシン，スレオニン，リシン，メチオニン，フェニルアラニン，トリプトファン，ヒスチジンの9種類．

▶タンパク質の種類

　タンパク質には，いろいろな代謝系の反応を触媒する酵素，ヘモグロビンなどの血液に含まれる輸送タンパク質や，細胞膜にあって能動輸送に関与する輸送タンパク質，ホルモン，受容体，筋肉，結合組織，抗体など様々な機能を担ったものがある．

▶ペプチド結合

　2つのアミノ酸がαアミノ基とαカルボキシ基で脱水縮合するとジペプチドになる．こうしてできる結合は**ペプチド結合**とよばれる（図2・7）．

　ペプチド結合のC-N結合は二重結合性をもち，C-Nを含む6つの原子（$C_{\alpha1}$-CO-NH-$C_{\alpha2}$）は同一平面上にある．COはカルボニル，NHはアミドとよ

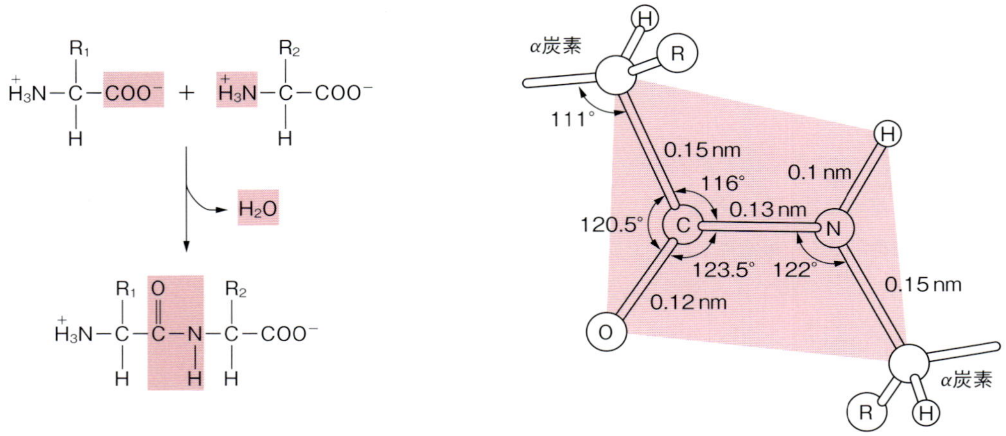

(a) ペプチド結合の形成

(b) ペプチド結合の構造

図2・7 ペプチド結合

ばれる．アミノ酸がペプチド結合によって2個以上，20〜30個までつながったものをペプチド，さらに長いペプチドをポリペプチドとよぶ．ペプチド結合とアミノ酸残基のα炭素をたどる鎖を**主鎖**とよび，α炭素から出ているアミノ酸残基の部分を**側鎖**とよぶ．「残基」というのはポリペプチドを構成するアミノ酸，という意味である．

▶タンパク質の構造

タンパク質はアミノ酸がペプチド結合でつながったひも状の分子だが，それが特有の形に折りたたまれて，初めて固有の機能を担うようになる．以下，タンパク質の階層構造を概観する．

2・2・1 一次構造

タンパク質のアミノ酸配列を**一次構造**とよぶ[*2-5]．アミノ酸をペプチド結合でつないでいくと，一方の端にペプチド結合に関与しないαアミノ基が，他方の端にαカルボキシ基が残る．アミノ基をもつ末端をアミノ末端または**N末端**，カルボキシ基をもつ末端をカルボキシ末端または**C末端**という．普通，アミノ酸配列を書くときには左側にN末端，右側にC末端を書く．

2・2・2 二次構造

主鎖のペプチド結合を形成するカルボニルとアミドはそれぞれ水素受容体，水素供与体となって水素結合を形成することができる．水素結合は後で述べる疎水性相互作用と並んでタンパク質や核酸の構造を保つ重要な結合力の1つで

*2-5 タンパク質の共有結合に基づく構造を一次構造と定義することがある．その場合は，共有結合している糖鎖・脂質やジスルフィド結合も一次結合に入る．

表 2·2　生体分子の主な水素結合

H-ドナー…H-アクセプター	結合長*(nm)	コメント
−OH…O(−H)	0.28 ± 0.01	水分子どうしの水素結合
−OH…O=C＜	0.28 ± 0.01	水と生体分子の水素結合
＞N−H…O(−H)	0.29 ± 0.01	水と生体分子の水素結合
＞N−H…O=C＜	0.29 ± 0.01	タンパク質や核酸の構造維持に重要な水素結合
＞N−H…N＜	0.31 ± 0.02	タンパク質や核酸の構造維持に重要な水素結合

＊　ドナー原子とアクセプター原子間の距離．たとえば，N−H…O=C−では N−O 間の距離．

あり，二次構造を安定化している（表 2·2）．

タンパク質の構造を調べてみると，多くのタンパク質に共通な特徴のある構造があることがわかる．その中で最も顕著なのが **α ヘリックス**（らせん）と **β 構造**である．α ヘリックスは図 2·8a のようにポリペプチドが 3.6 残基で 1 回転するらせんを形成しており，i 番目のアミノ酸のカルボニル CO と $i+4$ 番目のアミノ酸のアミドの NH が水素結合で結ばれる．α ヘリックスは 1 残基当たりヘリックスの軸方向に 1.5 Å でらせんの 1 周期は 5.4 Å（1.5 Å × 3.6）である．一方，β 構造（シート）（図 2·8b）はペプチドが伸びた構造（1 残基あたり 3.2 Å）をしていて，何本か平行に並んだペプチドのひもが隣りどうし水素結合でつながって並び，シートを形成していることが多い．

このように，水素結合によって形成されるタンパク質の部分的な規則構造を**二次構造**とよぶ．二次構造には，α ヘリックスや β シートのほかに，折り返し構造としてターンまたはループといわれる二次構造もある（図 2·8c）．

β ターン[*2-6]で折り返してできる β 構造の隣り合うポリペプチド鎖は逆向きになる．これを逆平行 β 構造とよぶ．これに対して，同じ向きで平行に並んだポリペプチド鎖は平行 β 構造を形成する．逆平行 β 構造ではポリペプチド鎖間の水素結合が主鎖の方向に垂直になっていて，各水素結合が互いに平行になっているが，平行 β 構造では交互に若干角度をなしている．いずれの場合も

＊2-6　β ターンでは i 番目のアミノ酸のカルボニル CO と $i+3$ 番目のアミノ酸のアミドの NH が水素結合で結ばれている（図 2·8c）．

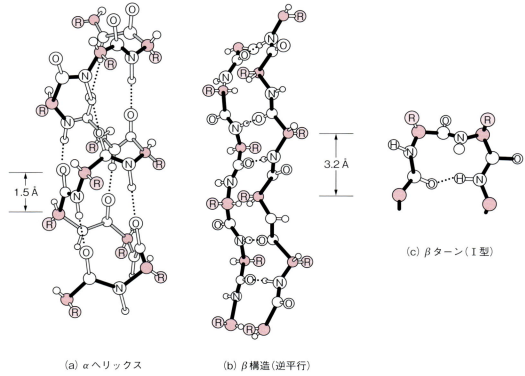

(a) αヘリックス　　(b) β構造（逆平行）　　(c) βターン（I型）

図2・8　タンパク質の二次構造

アミノ酸の側鎖はシートに垂直に，交互にシートの反対側に突き出している（図2・8bの側鎖Rの位置に注意）．

プロリン残基のαアミノ基（イミノ基）は水素結合を作ることができないので，プロリンは，αヘリックスやβ構造を壊す傾向がある．また，プロリンは他のアミノ酸なら回転自由なN-C$_\alpha$結合が固定されているために構造を固くする働きがある．グリシンは逆に，自由なコンホメーションをとれるために結合が柔らかすぎるという理由で二次構造を壊す傾向がある．

その結果，プロリンやグリシンは二次構造の端（ターンやループ）に現れ，タンパク質分子の表面に露出していることが多い[*2-7]．

*2-7　プロリンはまれにαヘリックスの途中に存在することがあり，ヘリックスをそこで曲げる役割をもつ．

2・2・3　三次構造

αヘリックスやβ構造などの二次構造が集まって，タンパク質の立体構造を形成している．側鎖の各原子の空間配置を含む立体構造を**三次構造**という．

タンパク質の三次構造は一次構造によって決まっている．すなわち，ポリペプチド鎖が折りたたまって活性のある立体構造を取るためには原理的にはタンパク質自体のほかには何も必要ではない．

2·2 タンパク質

このことを初めて実験的に示したのはアンフィンゼン（Anfinsen）である．アンフィンゼンはリボヌクレアーゼ A（RNA を切断する酵素，RNaseA）溶液に還元剤存在下で高濃度の尿素を加えると変性して活性を失うこと，しかし溶液から透析[*2-8]などによって尿素を取り除いてやると再び高次構造（二次構造や三次構造）を回復し，同時に酵素活性も回復することを見いだした（図 2·9）．

[*2-8] 透析：半透膜のチューブの先を閉じ，試料を入れた後，もう一方の端も閉じてから十分量の緩衝液を入れたビーカーに浮かべる．半透膜はタンパク質など高分子は通過できないが，塩などの低分子は自由に出入りできる．

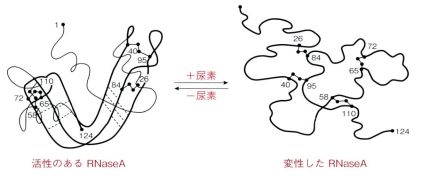

図 2·9 タンパク質の変性と再生

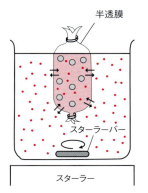

つまり，活性のある天然の状態の構造をとるためには，タンパク質以外のほかの物質の助けを借りなくてよいと言うことである．大まかに言うと，タンパク質は疎水性の（油に溶けやすい）部分が内側に，親水性の部分が外側にくるように折りたたまれる．

しかし，細胞内ではタンパク質の折りたたみを助ける一群の**分子シャペロン**とよばれるタンパク質が存在することがわかってきた（トピックス 1 p.25 を参照）．分子シャペロンは，折りたたみ途中のタンパク質に結合して中間体どうしの凝集を防ぎ，折りたたみを助ける．このとき ATP の加水分解が必要であることが知られている．

タンパク質の立体構造を決める条件は一次構造の中にすでに書き込まれているが，実際の細胞の中ではきちんと折りたたまれるように助けている別のタンパク質があるのである．

タンパク質は普通，100 個から 500 個くらいのアミノ酸からできている．アミノ酸の平均分子量は 110 くらいなので，タンパク質の分子量は大体 1 万から 5 万くらいである．

大きなタンパク質の構造を調べてみると，いくつかの小さなタンパク質のかたまりがつながっているように見えることが多い．この小さなユニットをドメインとよんでいる．大きなタンパク質はドメインがいくつかつながってできて

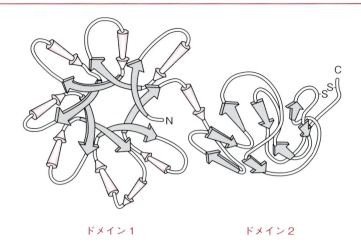

ドメイン1　　　　　　　　ドメイン2

図2・10　ドメイン構造をもつタカアミラーゼA
リボンはβ構造，棒状部分はαヘリックスを示す

いる（図2・10）．

　1つのタンパク質の大きさの上限はいくらぐらいだろうか．大きなタンパク質として知られているものに，6805残基からなるウサギの弾性タンパク質コネクチン（タイチンともいう）がある．このタンパク質は細長い弾性をもったタンパク質で，抗体分子（12・5節）に似た構造のドメインが数多く連なっている．

2・2・4　四次構造

　タンパク質は1分子で機能するものもあるが，いくつか集まってより大きな集合体を形成しているものも多い．このとき，その集合体に含まれる個々のタンパク質分子は**サブユニット**とよばれる．サブユニット構成とその立体的な配置をサブユニット構造または**四次構造**とよんでいる．

　たとえば，ヘモグロビンはαというサブユニット2分子と，βというサブユニット2分子の計4分子のサブユニットからできている（6章）．このαサブユニットとβサブユニットは大変よく似た構造をしていて，進化の過程で同じ祖先タンパク質から生じたものだと考えられている．αβという二量体が2つ合わさってできている．

　この構造は大変巧妙にできていて，1つ目の酸素は結合しにくいが，いったん結合すると2番目，3番目の酸素分子がなだれのように結合するという性質がある．ヘモグロビンと大変よく似た構造だが単量体のミオグロビンは，酸素を貯蔵するタンパク質で，ヘモグロビンのような性質はなく，酸素濃度が高く

なるほど結合しにくくなるという普通の性質をもっている．

先に述べたコネクチンのように，1つのポリペプチド鎖でアミノ酸1000残基を超す大きなタンパク質もないではないが，たいていの大きなタンパク質はサブユニットからできている．

生物が1本のポリペプチド鎖ではなく同一または少数の異なるサブユニットから大きな構造体を作る理由は2つ考えられる．1つは遺伝情報の節約である．1本のポリペプチド鎖から作ればそれだけの大きさの遺伝子が要るが，サブユニットにしておけば，サブユニットの種類分の遺伝子だけでよく，それを必要な回数コピーすればよいわけである．

もう1つの理由は，生合成時のアミノ酸の取り込みの間違いによる損失を最低限にするためである．1個のアミノ酸の取り込みミスで機能がまったく損なわれることはあり得ることで，大きな1本のポリペプチドで作った場合，1つのミスによって全体が無駄になってしまう．しかし，サブユニットで作れば，ミスはサブユニット1個分の損失で済むというわけである．

▶ 一次構造決定法

タンパク質のアミノ酸配列の決定法は，1953年に，サンガー (Frederick Sanger) によって開発され (**サンガー法**)，タンパク質として初めてインシュリンのA鎖とB鎖の一次構造が決定された．現在ではサンガー法に代わって，**エドマン法**が用いられている．

エドマン法では図2・11に示すようにフェニルイソチオシアネート（PITC）という試薬を用いる．PITCはまず，弱アルカリ性の条件でN末端のαアミノ基と反応して結合する．次に，酸性条件で環化・切断反応が起こり，PTCアミノ酸が遊離するので，これを安定なPTHアミノ酸とした上で高速液体クロマトグラフィーにかけて同定する．

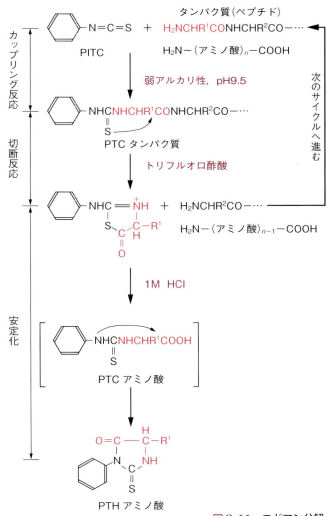

図2・11　エドマン分解

最近では，プロテインシーケンサーという，これら一連の反応を自動的に行う機械ができ，手動で決定するのに比べてより速く，より少量の試料で決定が可能になってきている．

この方法で配列決定ができるのは数十残基なので，実際のタンパク質の全一次構造を決定するためには，普通タンパク質を適当な長さの断片に切った後，それぞれのアミノ酸配列を上記エドマン法で配列決定する．そのとき，各断片の順序を決めるためには異なる切り方をしてつながりの部分の配列を決定すればよい．

このような目的によく使われるのは，基質特異性の高い**プロテアーゼ（タンパク質分解酵素）**による限定加水分解である．たとえばトリプシンはリシンとアルギニンのC末端側でポリペプチド鎖を切断し，キモトリプシンは主として芳香族アミノ酸のC末端側で切断する．また，ブロムシアン（BrCN；70％ギ酸中で行う）分解を行うと，メチオニンのC末端側で切断され，メチオニンはホモセリンラクトンとなる（図2・12）．

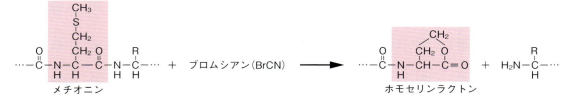

図2・12　ブロムシアン分解

なお，タンパク質分解酵素（プロテアーゼ）はポリペプチド鎖の途中を切断する**エンドペプチダーゼ**と，N末端側またはC末端側から切断する**エキソペプチダーゼ**に分けられる（表2・3）．トリプシンやキモトリプシンはエンドペプチダーゼである．エキソペプチダーゼにはN末端から1残基ずつアミノ酸を切断するアミノペプチダーゼと，同様にC末端側から働くカルボキシペプチダーゼがある．

タンパク質分解酵素は，活性部位の構造によって分類することもできる．トリプシンやキモトリプシンは，活性部位にセリン残基をもつ酵素なので**セリン酵素**（セリンプロテアーゼなど）といわれる．セリンプロテアーゼの活性部位にはセリンのほかにアスパラギン酸とヒスチジンがあり，三つ組（トライアド）とよばれている．このほか，パパインのようにシステインを活性部位にもつ**チオールプロテアーゼ**，サーモライシンやカルボキシペプチダーゼAのようにZn^{2+}などの金属イオンを活性部位にもつ**金属プロテアーゼ**もある．

表2・3 タンパク質分解酵素

プロテアーゼ	切断部位 (N末端側) $-A_1-A_2-$ (C末端側)	コメント
トリプシン	$A_1 = $ Lys, Arg	十二指腸, 小腸
キモトリプシン	$A_1 = $ Trp, Tyr, Phe Leu, Ile, Val	十二指腸, 小腸
ペプシン	$A_1 = $ Phe, Leu その他	胃
トロンビン	$A_1 = $ Arg	血液(凝固系)
サーモライシン	$A_2 = $ Trp, Tyr, Phe Leu, Ile, Val	枯草菌 至適温度60℃
サブチリシン	基質特異性低い	枯草菌
カルボキシペプチダーゼY	$A_2 = $ C末端アミノ酸	酵母
アミノペプチダーゼ	$A_1 = $ N末端アミノ酸	

　タンパク質によっては普通のプロテアーゼではまったく切断されないものがある．たとえば，腱の主成分のコラーゲンは普通のプロテアーゼではほとんど切断されなくて，コラゲナーゼという特別な酵素でのみ切断される．皮膚に含まれているエラスチンもこれを特別に消化する酵素があってエラスターゼとよばれる．

2・2・5 球状タンパク質と繊維状タンパク質

　タンパク質はその形状から，**球状タンパク質**と**繊維状タンパク質**に大別される．球状タンパク質は，全体として球に近い形をしていて内側は疎水性の残基で占められ，親水性残基が外側に向いているタンパク質で，多くの酵素は球状タンパク質である．

　それに対して，トロポミオシン，ケラチンやコラーゲンのように疎水性の核がなく，ポリペプチド鎖が何本か集まって糸のように伸びた構造をしているのが繊維状タンパク質である．

　トロポミオシンは筋肉の細い繊維を形成するアクチン繊維の二本鎖の溝に沿って伸びている調節タンパク質で，2本のαヘリックスからできている（図2・13）．ケラチンは，爪や髪の毛を構成しているタンパク質で，αヘリックスが束になったαケラチンと，β構造の多いβケラチンとがある．

　コラーゲンは3本の同一または異種のポリペプチド鎖がより合わさって独特のヘリックスをもっていて，(Gly-Pro-HyPro)（HyProはヒドロキシプロリン）という構造が多数繰り返されている．タンパク質の中には1つのタンパク質分

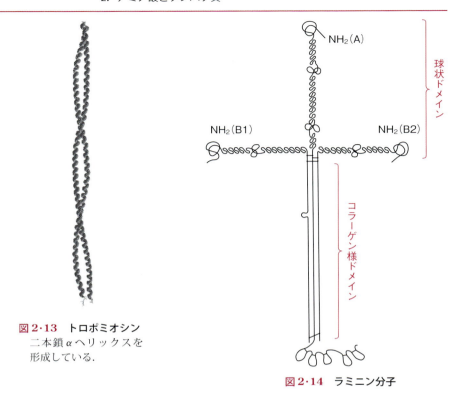

図2·13 トロポミオシン
二本鎖αヘリックスを形成している．

図2·14 ラミニン分子

*2-9 タンパク質の分類：タンパク質は形や物性から「球状タンパク質」，「繊維状タンパク質」，「膜タンパク質」に分類されるが，実際のタンパク質を見ると，これらの構造がドメインとして組み合わさっていることが多い．したがって，この3つの分類は，ドメインの分類と考えた方がよい．

子中に球状タンパク質と繊維状タンパク質を両方ドメインとしてもっているものもある（図2·14）．

2·2·6 膜タンパク質

膜タンパク質は細胞膜に結合しているタンパク質で，いろいろな機能をもったものがあり，ホルモンなどのレセプター（受容体）や情報伝達に重要なGTP結合タンパク質（Gタンパク質），特定の生体分子やイオンの能動輸送の

*2-10 天然変性タンパク質：第4のカテゴリーとして天然変性タンパク質が知られるようになった．これは真核生物の転写因子などによく見られ，通常細胞内で特定の構造をとらず，相手の核酸やタンパク質と結合して初めて特定の構造をとるものである．

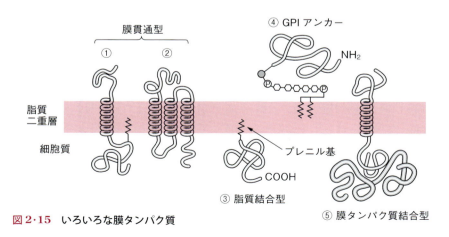

図2·15 いろいろな膜タンパク質

ためのポンプやチャネルなどが重要である．

膜タンパク質には膜に埋め込まれたものや膜貫通型のような膜内在性タンパク質と，膜に接し表面に結合している膜表在性タンパク質とがある．またGPIアンカー（グリコシルホスファチジルイノシトール）のように膜にリンカーを介してつながれているものもある（図2・15）．

2・2・7 複合タンパク質

タンパク質の中でアミノ酸からできたポリペプチド鎖だけで機能するものは単純タンパク質とよばれるが，ポリペプチド鎖に金属イオン，補酵素，糖，脂質などを結合したものは複合タンパク質とよばれる．

トピックス1．分子シャペロン

タンパク質の折りたたみは試験管内で自発的に起こる，ということがアンフィンゼンのRNaseAを用いた実験（1963年）で明らかにされて以来，細胞内でもタンパク質は自発的に折りたたまれると考えられてきた．このことは，タンパク質の高次構造が一次構造（アミノ酸配列）で決まるということの実験的証拠と考えられた．一次構造が高次構造を決めるという点は現在でも正しいが，細胞内では分子シャペロンといわれる一群のタンパク質が折りたたみを助けていることが明らかになってきた．

その中で，Hsp60とよばれるタンパク質はとくにシャペロニンとよばれ，図2・16に示すような，七量体からなる円筒が2つ重なった構造をしている．Hsp60の片方のリングの内部に，折りたたみ中間体または変性タンパク質が

＊2-11 プロリルイソメラーゼ：この酵素はPro残基の *cis-trans* 相互変換を触媒する．Pro以外の残基はほぼすべて *trans* 形であるが（図2・7b），Proだけは10％程度 *cis* 形を取り，タンパク質の中でも *cis* 形のProが存在する．この酵素はタンパク質の折りたたみを促進し，分子シャペロンの仲間に入れられている．

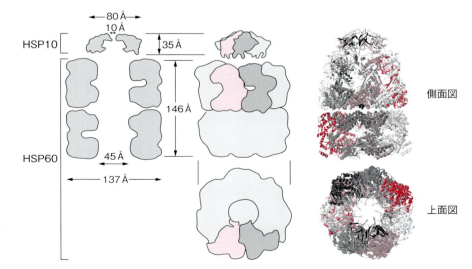

図2・16 シャペロニン分子
HSP60は2つのリングからなり，各リングは7個のサブユニットからなる．
（中央と左の図は田口英樹・吉田賢右（1996）蛋白質核酸酵素，**41**，p849-859を参考に作図．右の分子モデルの出典：『バイオサイエンスのための蛋白質科学入門』（有坂文雄著）より）

側面図

上面図

取り込まれると，七量体の Hsp 10 が結合して蓋をする．

　この分子シャペロンはタンパク質の折りたたみ中間体と結合し，タンパク質の細胞内実効濃度を下げて凝集を防ぐと共に，たとえばアクチン分子の折りたたみを助け，完成したタンパク質を放す．このとき ATP の分解が必要であることがわかっている．

トピックス 2. タンパク質工学

　タンパク質の構造と機能の関係を調べるために，従来は主として化学修飾が用いられてきた．化学修飾は今でも役に立つ手法であるが，修飾できる残基が限られているだけでなく，特定の位置の残基をターゲットにすることが難しく，また他の反応を完全に抑えることも難しい．

　遺伝子操作が可能になった現在では，化学修飾に変わって，クローニングした遺伝子を使って遺伝子のレベルでヌクレオチドの置換を行い，そのタンパク質の特定のアミノ酸を置換することができるようになった．すでに，基質特異性を変換させることなどある程度の成功を収めている．将来，20 種類のアミノ酸だけでなく，他のアミノ酸やアミノ酸以外の化合物を取り込ませることができるようになれば，可能性は飛躍的に増すことだろう．タンパク質工学では，天然にはない化学反応を触媒するような酵素も作りだそうとしている．

練習問題

(1) 次の 6 つのアミノ酸からなるペプチドの pH 7 における構造式を書きなさい．また，pH 1 および pH 12 における電荷の総和はいくらか（表 2・1 参照）．
   Ala - Asp - Gly - Lys - Pro - Tyr

(2) 表 2・1 を参考にしてアラニンとグルタミン酸の等電点を求めなさい．

(3) 次のアミノ酸のうち，タンパク質の内部に埋もれていることが多いものはどれか．また，タンパク質分子の表面に露出していることが多いものはどれか．
   ロイシン，リシン，アルギニン，プロリン，フェニルアラニン，アスパラギン酸

(4) 9 つのアミノ酸からなるペプチドの配列を決定するために a 〜 e の実験を行い，それぞれの結果を得た．このペプチドのアミノ酸配列を決定しなさい（1 文字表記については図 2・2 参照）．

a. 全ペプチドのアミノ酸組成は以下のようだった：
   (A, K, M, Q, S, T, V×2, Y)

b. トリプシンで切断した後，生じた 2 つのペプチドを分離してアミノ酸組成を調べた結果：

(A, K, M, Q, V), (S, T, V, Y)

c. キモトリプシンで切断して生じた 2 つのペプチドのアミノ酸組成：

(A, K, M, Q, S, V, Y), (T, V)

d. ブロムシアン分解で生じた 2 つのペプチドのアミノ酸組成：

(A, M, Q), (K, S, T, V×2, Y)

e. N 末端分析により，N 末端アミノ酸は Q，カルボキシペプチダーゼによる C 末端分析で C 末端アミノ酸は V であった．

3. ヌクレオチドと核酸

タンパク質がアミノ酸の重合したものであるのと同じように，核酸はヌクレオチドが重合したものである．ヌクレオチドは核酸の材料であるだけでなく，NADH，$FADH_2$ など，補酵素の素材としても重要である．

核酸にはDNA（デオキシリボ核酸）とRNA（リボ核酸）の2種類がある．DNAとRNAはほとんど同じ構造をしているが，構成成分のヌクレオチドが1か所だけ異なっている．すなわち，RNAでは糖の2′の位置にヒドロキシ基（水酸基）が結合しているのに対し，DNAではヒドロキシ基ではなくて水素原子になっている（図3・3参照）．

この小さな違いが，実は大きな性質の違いを生み出している．2′位のヒドロキシ基が存在するためにRNAは化学的にDNAより不安定で，反応性が高い．

ある種のウイルスを除いて，遺伝子の本体はDNAである．核酸の構成成分であるヌクレオチドのうちATPは，RNA合成の基質であるばかりでなく，生体エネルギーの通貨として，またGTPと共に，種々のタンパク質分子の相互作用の制御因子として重要な役割を果たしている．

3・1　核酸とは何か

核酸の発見は古く，1869年にさかのぼる．ホッペザイラー（Hoppe-Zeiler）という当時すでに高名であったドイツの生理化学者の下で研究に従事していたスイス人のミーシャー（Miescher）は，傷病兵の患者の膿の中から粘度が高くリン含量の高い酸性の物質を発見し，これをヌクレイン（今日のDNA, 核酸）と名づけた．しかしながら，この核酸が遺伝子の本体であることが証明されるまでには長い道のりがあった．

核が遺伝を司っていることは古くから予想されていたが，核を構成するタンパク質と核酸のうち，遺伝子の本体は核酸よりもむしろタンパク質だという考えが支配的だった．というのは，「生物」というものは細胞1つとっても大変

複雑なものなので，たった4種類のヌクレオチドからなる核酸が遺伝子とは考え難かったからである．むしろ，20種類ものアミノ酸からなるタンパク質の方が遺伝情報を担っている可能性が高いと考えられたのである．

遺伝子が核酸であるという考えは2つの実験結果からもたらされた．1つはアメリカの細菌学者エーブリー（Avery）たちの**形質転換**の研究である．エーブリーらは，病原性の肺炎双球菌から抽出した物質を非病原性の肺炎双球菌に加えると病原性のものが現れる，という現象，すなわち形質転換に興味をもち，この物質，つまり形質転換因子の本体を明らかにしようとした．そして，1944年以降，形質転換因子はDNAであるという報告を根気よく発表し続けた．

他方，1952年になって，やはりアメリカのハーシェイ（Hershey）とチェイス（Chase）は，バクテリオファージT2が大腸菌に感染する際に，菌体に侵入するのはDNAであって，タンパク質はバクテリアの外にとどまっていることを発見した．彼らは，リン原子Pは核酸（ヌクレオチド）に含まれてタンパク質（アミノ酸）には含まれないが，硫黄原子Sは逆に前者には含まれず後者に含まれることを利用した．つまり，放射性同位元素^{32}PでDNAを，^{35}Sでタンパク質をそれぞれ標識して，バクテリアの中に入るのは^{32}Pであり，外にとどまる核種は^{35}Sであることを示したのである．

こうして，遺伝子がDNAであることが確かになってきた折り，翌年の1953年に，ワトソンとクリックはX線回折[*3-1]のデータを元にしてDNA（デオキシリボ核酸）の分子モデルを発表した（図3・1）．このモデルでは，糖（デオキシリボース）とリン酸が交互にひも状につながり，その糖に結合しているグアニンとシトシン，アデニンとチミンが水素結合によって対を作ることによって二本鎖を形成している．DNAの構造はとても美しいが，このモデルの重要な点は，DNAの構造自体が遺伝子の複製のメカニズムを明確に示唆していることである．

DNAの複製については11章で述べる．

* 3-1　X線回折：ここで用いられた回折法はX線結晶構造回折ではなく，X線繊維回折法である．繊維回折法ではDNAの濃厚溶液にガラス棒の先端をつけて引き伸ばし，繊維に垂直にX線を当てる．この方法でDNAはピッチ3.4 nmのらせん構造をもち，塩基対間の距離は0.34 nmであることがわかった．

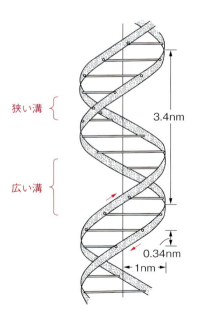
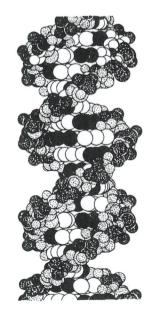

図3・1　DNAの分子モデル（B形）

3・2 核酸塩基・ヌクレオシド・ヌクレオチド

ヌクレオチドは塩基（核酸塩基）と糖（DNA ではデオキシリボース，RNA ではリボース）とリン酸からなる．**核酸塩基**にはプリン（プリン塩基）とピリミジン（ピリミジン塩基）があり，これにリボースまたはデオキシリボースが N- グリコシド結合したものは**ヌクレオシド**とよばれる．

プリンにはアデニン(A)とグアニン(G)の 2 種，ピリミジンにはシトシン(C)，チミン（T），ウラシル（U）の 3 種類がある（図 3・2）．

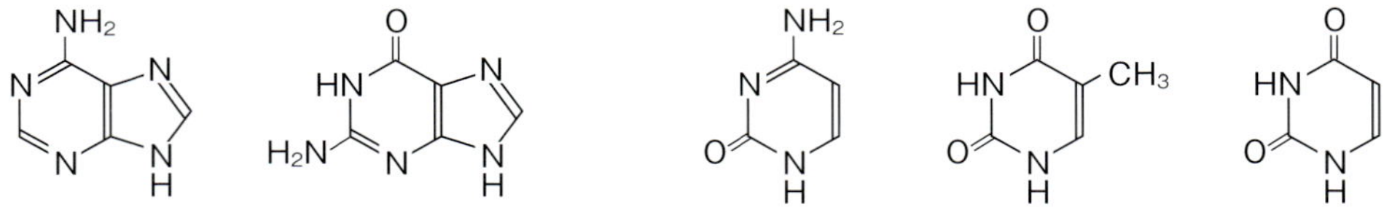

図 3・2 核酸塩基

アデニンはリボース（またはデオキシリボース）と結合してアデノシン（またはデオキシアデノシン），グアニンはグアノシン（またはデオキシグアノシン），シトシンはシチジン（またはデオキシシチジン）を生じる．これに対して，ウラシルはリボースとのみ，チミンはデオキシリボースとのみ結合してそれぞれウリジンとチミジンを生じる．したがって，チミジンはとくにデオキシチミジンとはよばないことが多い．

ヌクレオシドにリン酸の結合したものを**ヌクレオチド**とよぶ．ヌクレオチドには通常，1 つから 3 つまでのリン酸が 5′ 位に結合する．たとえば，アデノシンに 1 つリン酸が結合したものをアデノシン一リン酸（AMP），2 つ結合したものをアデノシン二リン酸（ADP），3 つ結合したものをアデノシン三リン酸（ATP）といい，これらをまとめてアデニル酸ともいう．糖がデオキシリボースであれば dAMP，dADP，dATP となる．

同様にして，グアニル酸，すなわち GMP，GDP，GTP（dGMP，dGDP，dGTP），シチジル酸すなわち CMP，CDP，CTP（dCMP，dCDP，dCTP），UMP，UDP，UTP，TMP，TDP，TTP が存在する．

図 3・3 に ATP と dTMP を例としてヌクレオチドの構造を示す．ヌクレオシドまたはヌクレオチドの骨格に番号をつけるときには，核酸塩基の部分と糖の部分に別々に図のように番号をつけ，塩基と糖を区別するために，糖の番号にはプライム（ダッシュ）〔′〕をつける．したがって，たとえば ATP は正式にはアデノシン 5′- 三リン酸である．一般にリボヌクレオシド三リン酸は

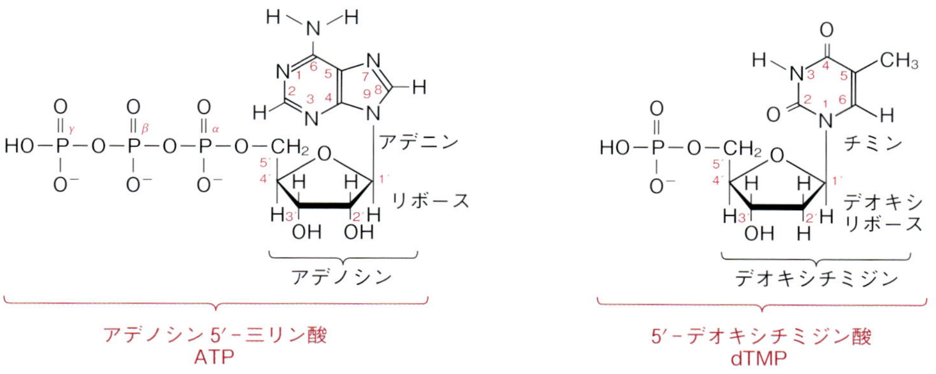

図3·3 ヌクレオチド

NTP, デオキシリボヌクレオシド三リン酸は dNTP と書かれる.

dNTP（NTP）は DNA（RNA）合成の基質となり, ピロリン酸として2個のリン酸を切り離して核酸に取り込まれる. このとき遊離されるエネルギーが核酸の合成に使われるわけである.

▶ ATP

ヌクレオチドのうち, ATP は, RNA の材料としてだけでなく, エネルギーを貯えた生体燃料として細胞内外で特別な役割を担っている. ATP のエネルギーは, 高エネルギー結合とよばれるリン酸どうしの結合の中に貯えられている.

リン酸どうしは静電的に反発しており, 不安定である. ということは言い換えれば自由エネルギーが高いわけである. だから, 開裂して反発がなくなると低いエネルギー状態になり, その結果, 差額の大きなエネルギーが放出される.

多くの場合, ATP からリン酸が1つはずれて ADP になる際のエネルギーを利用するが, 上記核酸の合成のときのように, 2ついっぺんに, すなわちピロリン酸を放出するときもある. ATP にアデニル酸シクラーゼが働くと, 3′と 5′ の間で分子内ホスホジエステル結合が形成された cAMP（サイクリックAMP）が生成する（図3·4）.

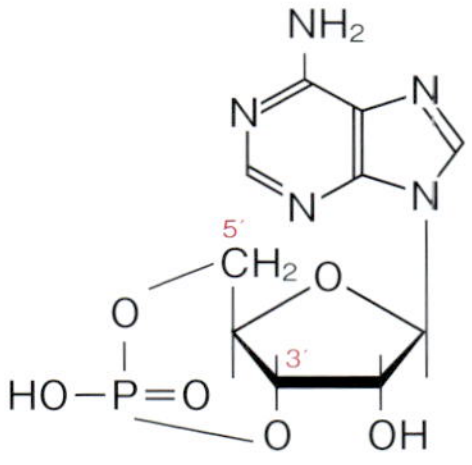

▶ NAD$^+$, FAD

ヌクレオチドの誘導体で重要なものに, NAD$^+$（ニコチンアミドアデニンジヌクレオチド）と FAD（フラビンアデニンジヌクレオチド）がある（図3·5）.

糖は後に見るように（8章）, 解糖系で分解されてピルビン酸となるが, ピルビン酸はさらにクエン酸回路で酸化的に二酸化炭素まで分解される. ATP はこの回路で直接作られるわけではなく, いったん NAD$^+$（および FAD）を還元して NADH（および FADH$_2$）とし, 酸化還元電位の差としてエネルギー

図3·4 サイクリックAMP の構造

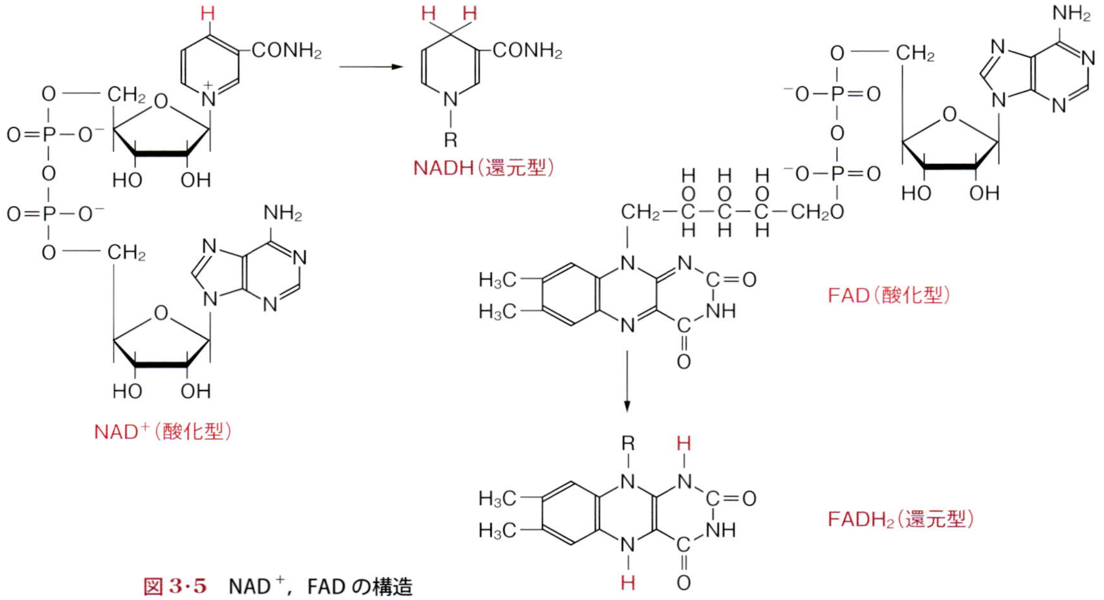

図3·5 NAD⁺, FAD の構造

を貯える．クエン酸回路では3分子の NAD^+ と1分子の FAD が還元されて，それぞれ NADH と $FADH_2$ になり，これらが電子伝達系に電子を引き渡す．NAD^+ は脂肪酸の β 酸化（8·6節）にも用いられるほか，エネルギー代謝系以外にも DNA リガーゼ反応やタンパク質の ADP リボシル化に利用される．なお，脂肪酸合成など NADH のアデニンの糖の部分（2′位）がリン酸化された NADPH が用いられる代謝系もある．

3·3 DNA と RNA

核酸は遺伝情報を担う生体高分子で，DNA（デオキシリボ核酸）と RNA（リボ核酸）の2種類がある．DNA ではヌクレオチドの糖がデオキシリボース，RNA ではリボースであるところが異なる．タンパク質はアミノ酸がペプチド結合によって線状に結合したものであるのに対して，核酸はヌクレオチドがホスホジエステル結合によって線状につながったものである[*3-2]．

図3·6 に示してあるように，核酸では隣り合うヌクレオチドの 3′ 位の OH と 5′ 位の OH がホスホジエステル結合によって結合している．

ポリペプチド鎖に N 末端と C 末端があるように，核酸にも方向性があって，一方はリボースの 5′ 位が空いている 5′ 末端，他方は 3′ 位が空いている 3′ 末端である．そして，二本鎖を形成するときには2本のポリヌクレオチド鎖が反対向きに，すなわち一方の 5′ 末端は他方の 3′ 末端と，3′ 末端は他方の 5′ 末端と

[*3-2] 「ホスホ」はリン，エステルは酸とアルコールが脱水縮合したもの，「ジ」は2の意味である．

結合するように向き合って結合する（p.42, 練習問題（1）の図参照）.

二本鎖DNAはA形，B形，Z形の3種類のコンホメーションをとることができるが，染色体のDNAはたいていB形とよばれる構造をとっている（図3・7）．B形構造は図3・7に示してあるように塩基対が二重らせんの軸に対して垂直で，互いに平行に配置されている．ワトソンとクリックによって最初に提出されたDNAの構造である．

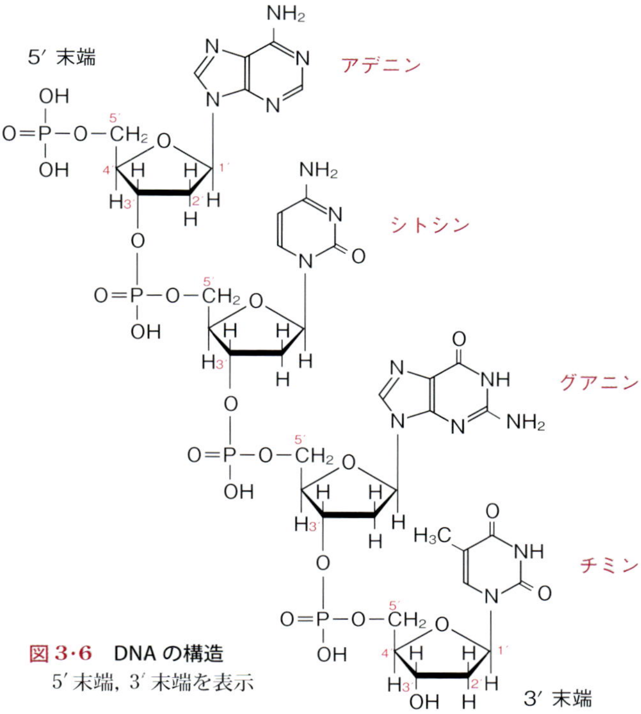

二本鎖にはネジと同じように，らせんに沿って尾根のように盛り上がっているところと，谷のように溝になっているところが見える．盛り上がっているところは糖-リン酸-糖-リン酸という主鎖であり，谷のところに塩基対がその顔をのぞかせている．よく見ると，溝には幅の広いものと狭いものがあり，一方向から見ると交互に並んで見える．幅の広い方の溝を主溝，狭い方の溝を副溝という（図3・1参照）.

B形DNAでは，塩基対間の距離は3.4 Å（0.34 nm）で，一方に対して他方

図3・6 DNAの構造
5′末端，3′末端を表示

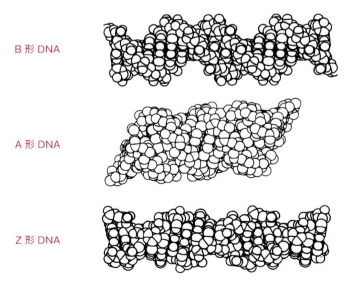

図3・7 DNA二重らせんの多型構造

の塩基対は36°回転している．したがって，らせんは10塩基対で一回転し，その間34 Å（3.4 nm）進む．Z形はGCという配列が繰り返すようなところでよく現れる．

　核酸の構造を安定化する力は，第一に対をなす塩基間の水素結合である．アデニンとチミンの間には2本の水素結合が形成され，グアニンとシトシンの間には3本の水素結合があるので，後者の方がより強く対合する（図3·8）．したがって，GC含量，すなわちグアニンとシトシンの全塩基数に対する割合が大きいほど安定な二本鎖を形成する．

* 3·3　シャルガフの通則：シャルガフ（Chargaff, E. 1905-2002）は多くの生物種から核酸を抽出して塩基組成を調べ，ある種のウイルスを除くすべての生物でAとT，GとCの量がそれぞれ等しいが，G＋Cの全塩基量に対する割合，すなわちGC含量は生物によって異なることを示した．[A]＝[T]，[G]＝[C]という結果は，ワトソン・クリックがDNAの構造を決定する際に重要なヒントになった．

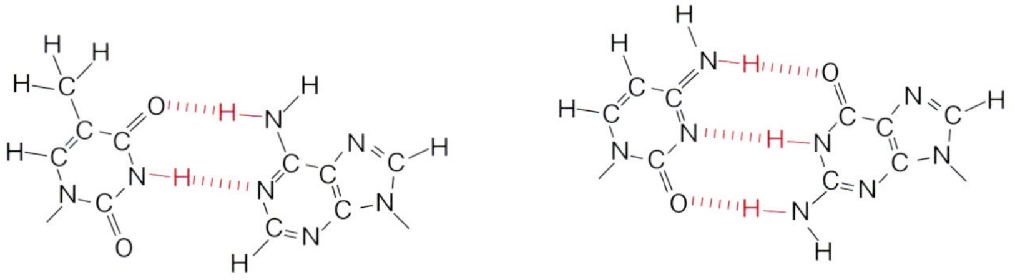

図3·8　ワトソン—クリックの塩基対
A・T間には2本の水素結合，G・C間には3本の水素結合が形成される．このため後者の方が前者より安定である．

　また，二重らせんの溝に沿って水分子がネットワークを形成していて，この結合水もDNAの二重らせん構造を安定化している．

　核酸はタンパク質に比べて大きな紫外吸収を示し，260 nmに吸収極大をもつので，これを利用して濃度を測定する（図3·9）．この吸収は各塩基の吸収に由来している．タンパク質では20種類のアミノ酸のうち，トリプトファンやチロシンやフェニルアラニンだけが紫外吸収をもつのに対して，核酸ではすべての塩基が吸収をもつので単位重量あたりの吸収は平均的なタンパク質の

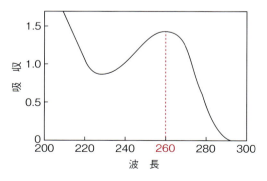

図3·9　DNAの紫外吸収スペクトル

50倍ほど高い．

RNAは通常一本鎖で，mRNA（メッセンジャーRNA），rRNA（リボソームRNA），tRNA（転移RNA），snRNA（核内低分子RNA）などとして存在する（11章）．そのほか，ヒト免疫不全ウイルス（HIV）[*3-4]やヒトT細胞白血病ウイルス（HTLV）などのウイルスゲノムとして存在するほか，DNA複製の際のプライマーとして重要である．植物ウイルスでは二本鎖RNAをもつものもある．

RNAはしばしば二次構造を形成し，その二次構造は機能と密接な関係がある．図3・10にはtRNAの二次構造（塩基間の相補的な水素結合による構造）の様子と，その立体構造が示してある．mRNAでもしばしばステム-ループ構造といって，スプーンのような形を形成して，転写制御に関わる機能をもつ部位を形成することがある．

DNAとRNAは糖の2′の位置に酸素原子があるかないかだけの違いで，一見小さな違いのように見えるが，これが両者の物理的，化学的性質に大きな違いを与えている．DNAの複製開始のときに生じるDNA・RNAプライマーのハイブリッド二本鎖では，RNAリボースの2′の位置の酸素の立体障害のためにB形の構造をとれなくてA形をとる．

さらに，この酸素原子のためにRNAは化学的に反応性が高くて，酸やアルカリで切れやすく，DNAに比べて化学的に不安定である．このことは，DNAが遺伝子そのものなので安定でなくてはならないのに対して，RNAは遺伝子発現を仲介する役割をもっており，遺伝子の発現量を調節するためには，必要

*3-4　後天性免疫不全症候群（エイズ：AIDS）を発症させるウイルス（12・5・4項を参照）．

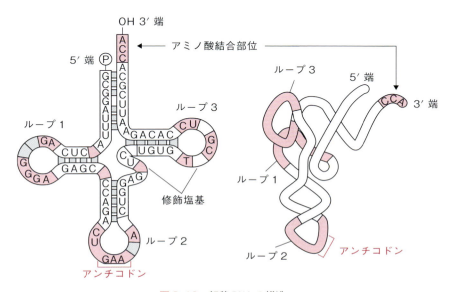

図3・10　転移RNAの構造

がなくなったらすぐ壊すことができるようになっていた方がむしろ都合がよい，と考えると理解しやすい．

また，ある種の RNA は酵素活性をもつ（**リボザイム**；トピックス参照．p.41）ことが知られている．

真核生物の mRNA の 5′ 末端には，**キャップ構造**という特殊な構造が存在し，mRNA の安定化に寄与している（図 11・14 参照）．キャップ構造のグアノシンの 5′ と 3′ は他の RNA の部分と逆向きになっていることに注意．また，真核生物の mRNA の 3′ 端側にはポリ A 鎖が付加している．キャップ構造をもたずポリ A 鎖が短い原核細胞の mRNA は真核生物の mRNA より寿命が短い．

3・4 染色体

真核生物の DNA は核に納められており，染色体を構成している．ヒトの染色体は，22 対 44 本の常染色体と性染色体 2 本（男性では XY，女性では XX）の計 46 本の染色体から構成されている．

核内には塩基性タンパク質ヒストンがあって八量体の複合体（H2A, H2B, H3, H4 各 2 分子ずつ；直径 7 nm）を形成し，DNA はこの複合体の周りを 2

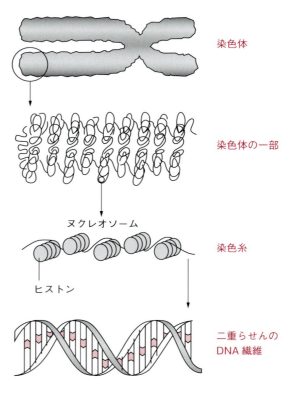

図 3・11　DNA の超らせん構造と染色体

巻き（約200塩基対）巻いて**ヌクレオソーム**を形成している．染色体はこのヌクレオソームが数珠つなぎになってできており，これがさらにらせん構造（**超らせん**という）を形成して巨大な複合体をなしている（図3・11）．

原核生物ではヌクレオソーム構造はなく，DNAは細胞質中で**ヌクレオイド**（**核様体**）という構造を形成している．核様体にはヒストンとは異なるHUとよばれるタンパク質やRNAなどが結合している．

3・5　制限酵素と遺伝子工学

タンパク質がトリプシンなどのプロテアーゼで分解されるのと同じように，核酸を分解する一群の酵素があり，**ヌクレアーゼ**とよばれる．ヌクレアーゼのうち，DNAを分解する酵素はDNアーゼ（DNase），RNAを分解する酵素はRNアーゼ（RNase）とよばれる．DNaseは二本鎖を切断するもの，一本鎖を切断するもの，両者とも切断するものがある．切断した後，3′のリン酸が残るか，5′のリン酸が残るかは酵素の反応特異性による．

ヌクレアーゼはエンドヌクレアーゼとエキソヌクレアーゼに分類することもできる（表3・1）．これは，ちょうどプロテアーゼがエンドプロテアーゼとエキソプロテアーゼに分類されたのと同じである．エンドは「中」，エキソは「外」の意味で，DNアーゼⅠのようにDNAの内部を切断するものはエンドヌクレアーゼ，Bal31ヌクレアーゼのように二本鎖または一本鎖のDNAを端から削っていく酵素はエキソヌクレアーゼとよばれる．

表3・1　エンドヌクレアーゼとエキソヌクレアーゼ（例）

ヌクレアーゼ	基質	産物
エンドヌクレアーゼ		
エンドヌクレアーゼⅠ（大腸菌）	ssDNA, dsDNA	オリゴヌクレオチド（5′リン酸）
DNアーゼⅠ（ウシ膵臓）	ssDNA, dsDNA	オリゴヌクレオチド（5′リン酸）
エキソヌクレアーゼ（3′→5′）		
エキソヌクレアーゼⅠ（大腸菌）	ssDNA	ヌクレオチド（5′リン酸）
エキソヌクレアーゼⅢ（大腸菌）	dsDNA	ヌクレオチド（5′リン酸）
エキソヌクレアーゼ（5′→3′）		
枯草菌エキソヌクレアーゼ	ssDNA	ヌクレオチド（3′リン酸）
エキソヌクレアーゼⅦ（大腸菌）	ssDNA	オリゴヌクレオチド（3′リン酸）
（上記2酵素はいずれも3′末端からも働く）		

エンドヌクレアーゼの中には**制限酵素**とよばれる一群の酵素がある．制限酵素はバクテリアのもつ酵素で，外からウイルスなどが入ってきたときに外来のDNAを選択的に切断する酵素である．この制限酵素が自分のDNAを切らない秘密は，バクテリアには自分のもっている制限酵素の認識する配列と同じ配列を認識してそこを修飾する酵素があるからである．修飾は酵素によってアデニンのアミノ基やシトシンの5位の炭素にメチル化を起こすことによる．

制限酵素は3種類に分類されるが，遺伝子工学でとくに有用なのはⅡ型とよばれる酵素である．この型の制限酵素は二本鎖DNAの特定の配列を認識してそこを切断する．認識する配列は4塩基から6塩基が多いが，8塩基を認識するものもある（表3・2）．

表3・2　よく使われている制限酵素

制限酵素	認識・切断配列	コメント
*Eco*RⅠ	5'……G A A T T C……3' 3'……C T T A A G……5'	5'リン酸端突出
*Bam*HⅠ	5'……G G A T C C……3' 3'……C C T A G G……5'	5'リン酸端突出
*Pst*Ⅰ	5'……C T G C A G……3' 3'……G A C G T C……5'	3'OH端突出
*Sau*3AⅠ	5'……G A T C……3' 3'……C T A G……5'	5'リン酸端突出
*Sma*Ⅰ	5'……C C C G G G……3' 3'……G G G C C C……5'	平滑末端
*Hae*Ⅲ	5'……G G C C……3' 3'……C C G G……5'	平滑末端
*Not*Ⅰ	5'……G C G G C C G C……3' 3'……C G C C G G C G……5'	5'リン酸端突出

3·5 制限酵素と遺伝子工学

　制限酵素は現在では遺伝子工学になくてはならない試薬になっている．制限酵素の認識部位の特徴を見ると，多くの制限酵素は**パリンドローム**，すなわち**回文構造**を認識することがわかる．たとえば，*Eco*RI という制限酵素は，

　　　5′・・・・・GAATTC・・・・・3′
　　　3′・・・・・CTTAAG・・・・・5′

という構造を認識して，矢印のところを切断する．切断後には

　　　5′・・・・・G 3′　　　　5′ AATTC・・・・・3′
　　　3′・・・・・CTTAA 5′　　　　　　G・・・・・5′

のような切り口ができ，5′末端にリン酸が残る．

　上記のような制限酵素の切断によってできる切り口は，DNA 断片の切り張りの糊代として使うことができる．たとえば，今，プラスミドとよばれる環状二本鎖 DNA の *Eco*RI 部位に別の DNA から *Eco*RI で切り出してきた DNA 断片（*Eco*RI 断片）を挿入する場合を考えてみよう（図 3·12）．そのためにプラスミド上に 1 か所だけある *Eco*RI 切断を制限酵素 *Eco*RI で切断しておく．

　すると，図のように，*Eco*RI 断片の両端の 4 ヌクレオチド飛び出した（一本鎖の）DNA の部分がプラスミドの側の *Eco*RI 切断部位の 4 ヌクレオチドと相補的にぴったり合うので，ある確率で，断片が挿入されたプラスミドができる．こうしておいてから，プラスミドと挿入断片とを DNA リガーゼという酵素でホスホジエステル結合によって共有結合でつないでしまうと，切れ目のない，外来の DNA 断片を含むプラスミドができ上がる．

　プラスミドは，複製起点（11 章）をもち，バクテリアの菌体内で自立的に増殖することができるので，増やしたい DNA 断片をプラスミドに挿入し，これをバクテリア（遺伝子工学では大腸菌をよく用いる）に入れてやる（**形質転換**という）と菌体内で何十倍かに増える．そして，そのバクテリアを増やせばその DNA 断片を何億倍にも増やすことができる．

　このとき，プラスミドをもつバクテリアだけを増やしたいのだが，それにはプラスミドのもつ**薬剤耐性遺伝子**を利用する．薬剤耐性遺伝子の 1 つである β ラクタマーゼ遺伝子は β ラクタマーゼをコードしている．β ラクタマーゼはアンピシリン（ペニシリンの一種）の β ラクタム環を開裂して不活性な化合物にしてしまうので，この遺伝子をもったバクテリアはアンピシリン存在下で増殖できる．

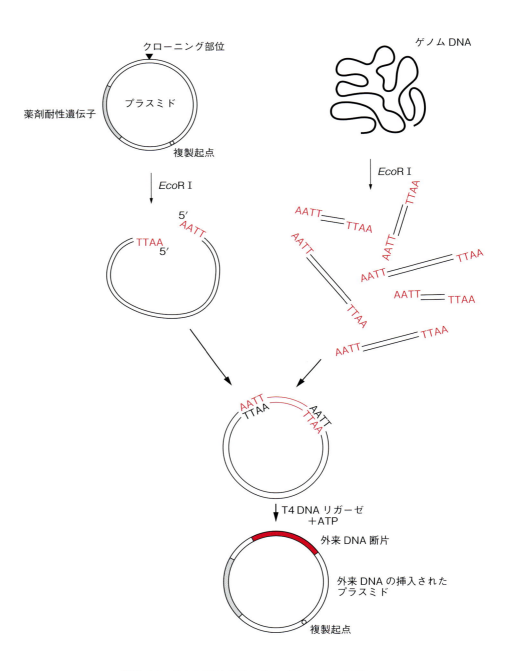

図 3·12　外来の DNA 断片を含むプラスミドの作製
制限酵素による切断後リン酸は 5′ 末端に残り，3′ 末端にはない．

こうして生じる1つ1つのコロニー（バクテリアの集まり）はもともと1匹のバクテリアから生じたので遺伝子はまったく同一であり，クローンとよばれ，このようにして外来の遺伝子を選んで増やす操作をクローニングという．

クローニングによって増やしたDNAは，塩基配列の決定（11章）に用いられたり，発現ベクターといってクローニングされた遺伝子を発現してコードされている遺伝子の大量調製に用いられる．

トピックス．リボザイム

比較的最近まで，酵素活性はタンパク質がもつものであって，核酸が酵素活性をもつということは考えられないと思われていた．しかし，1987年にアメリカのチェク（Tom Cech）は，mRNAを切断してイントロンを切り出す酵素がタンパク質ではなくてRNA自身であるということを発見して，これをリボザイムと名づけた．この発見は，それまでの酵素活性の常識を覆すもので学界に大きなセンセーションを巻き起こした．

その後，いくつかの別のリボザイムも発見され，生命の起源や進化の問題にも大きなインパクトを与えている．「RNAワールド」といって，進化の初期の段階でRNAがDNAに先立って遺伝子として登場し，酵素としても働いていたという説である．

なお，リボヌクレアーゼPという，tRNAを切り出す酵素にはRNAが補因子として働いていることが知られていたが，リボザイムの発見に先立つ数年前に，リボヌクレアーゼPの酵素活性の本体はタンパク質ではなくてRNAであることが報告されている．

練習問題

(1) 下の図はDNAの一部の構造式である．この図に関する以下の問いに答えなさい．

a. 各塩基 (a-1) ～ (a-4) の名前を答えなさい．
b. 矢印をつけた結合 (b-1) ～ (b-3) の名前は何か．
c. (c-1) ～ (c-2) はそれぞれ3′末端，5′末端のどちらか考えて答えなさい．

(2) ヒトのゲノムの総塩基対数は 3.5×10^9，大腸菌のゲノムの総塩基対数は 4×10^6 である．それぞれのDNA分子の長さを計算しなさい．ただし，塩基対間の距離は 0.34 nm である．また，ヌクレオチド1つの平均分子量を330として大腸菌のDNAの分子量を求めなさい．

(3) 次の略号の正式な名前（略さない）を答えなさい．
DNA, RNA, NAD^+, FAD, cAMP, FMN

(4) 次のことばを例をあげて説明しなさい．
ホスホジエステル結合，リボザイム，N-グリコシド結合，キャップ構造，制限修飾機構

4. 糖　質

　糖質は，多糖としてエネルギーの貯蔵源となるほか，遺伝子の本体である核酸（DNA と RNA；3 章）の構成成分である．また，タンパク質や脂質に結合して糖タンパク質や糖脂質を形成しており，がん細胞の表層に現れる特異な糖鎖はがん細胞の性質と関係があると考えられている．最近，「糖鎖工学」という新しい分野が登場し，食品工業や医薬への応用も盛んになってきた．

4·1　糖質とは何か

　糖質は炭水化物ともいわれ，一般的に $C_m(H_2O)_n$ と書くことができるとされてきたが，以下にみるように，上記の組成式には当てはまらないもの，炭素，水素，酸素以外に窒素やリンを含むものもある．そこで，「炭水化物」よりも「糖質」という名前の方がより一般的に用いられるようになってきた．

（写真提供：ピクスタ）

　単糖類や**オリゴ糖**は単に糖ともよばれる．オリゴ糖は糖が複数個 縮重合したものであり，さらに多数結合した高分子は多糖または多糖類とよばれる．

　植物は，光合成電子伝達反応で光のエネルギーによって $NADP^+$（ニコチンアミドアデニンジヌクレオチドリン酸）を還元して NADPH とし，この NADPH の還元力を使って，二酸化炭素と水から糖を合成する（10 章参照）．植物はこうしてできた糖をデンプンやセルロースなどのグルコース重合体の多糖として貯蔵する．セルロースは植物の細胞壁の構成成分である．

　動物は植物を食べてデンプンを分解し，エネルギーを得たり他の生体分子を合成するが，余分に摂取した糖は**アセチル CoA** を経て脂質（脂肪）となるほか，グルコースの重合体であるグリコーゲンとして肝臓で貯蔵される．

　糖には，生合成されたタンパク質の行き先を指定するという機能もある．ある種のシグナルペプチドを N 末端にもつタンパク質はリボソーム上でシグナル認識粒子（SRP）の導きによって粗面小胞体に結合し，合成に伴って粗面小胞体内部に取り込まれるが，合成されたタンパク質は膜系を通してゴルジ体に

* 4-1　ドリコールリン酸 (Dol-P) は糖の運搬体で膜に存在し，結合したオリゴ糖はオリゴ糖転移酵素 (OST) によって Asn-X-Ser/Thr 配列の Asn 残基に転移される．

運ばれる．N 型糖鎖（4・5節参照）の場合にはここでオリゴ糖転移酵素（OST）によって糖鎖がドリコールリン酸[*4-1]から転移される．糖タンパク質糖鎖のマンノースがリン酸化されると，タンパク質はマンノース6リン酸（M6P）受容体によってリソソームに取り込まれる．すなわち，M6P はリソソームに運ばれるための標識になっている．

4・2 単糖類

▶グルコース（ブドウ糖）

まず，糖の中でもとくに大切な**グルコース**を見てみよう．グルコースはブドウ糖ともよばれ，第一の栄養源として血液中に存在し，体内にくまなく供給されている．とくに，脳では脳血液関門といって毛細血管から脳細胞に特定の分子しか通さない障壁があり，栄養としてはグルコースだけが吸収される．グルコースは食物として摂取されたデンプンや，肝臓で作られたグリコーゲンの分解によって作られる．

グルコースの構造を図 4・1 に示す．6個の炭素を区別するために図のようにアルデヒドの炭素を1番として6番まで番号をつける．糖は，不斉炭素をもっ

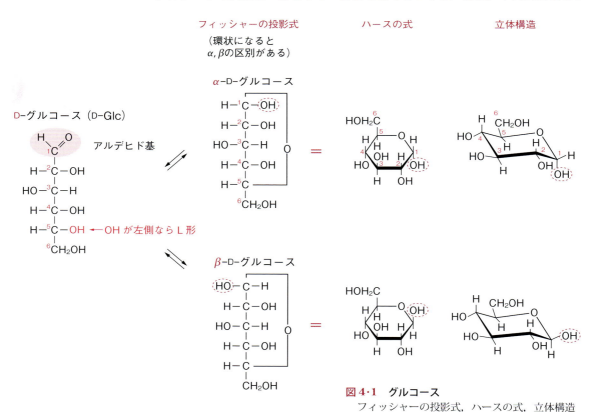

図 4・1　グルコース
フィッシャーの投影式，ハースの式，立体構造

ているのでD形，L形の鏡像異性体が区別されるが，天然に存在するのはD形である．

D, L形はグリセルアルデヒドを基準にして定義し，図4・1に示してあるようにアルデヒドを上にして5の位置（グリセルアルデヒドの2の位置，図4・2参照）のOHが右側にくるときをD形，左側にくるときをL形とする．

環状の糖を表すのに図4・1のようなハースの投影式を用いるが，実際のピラノース六員環は立体図に見られるような"いす形"が"舟形"より安定である．

なお，D, L形はもともと旋光性[* 4-2]，すなわち直線偏光を右に回転させるか左に回転させるかで命名されたもので，グリセルアルデヒドの場合は確かにD形は右（dextro），L形は左（laevo）であるが，より複雑な糖については上記のように定義したD／Lは直線偏光の右回転・左回転とは必ずしも対応していない．そこで，絶対的なコンホメーションを定義する方法が考えられ，$R／S$表記（2章，アミノ酸の表記法参照）が推奨されているが，生化学の分野ではまだD／L表示が一般的に用いられている．

D-グルコースは図4・1に示すようにα, βの2種のコンフィグレーション（p.11の側注参照）のものがあるが，水溶液中ではこれら2つの分子種が平衡状態にある．その分子変換の中間体が図のアルデヒド基をもつ直鎖状分子である．こ

* 4-2 旋光性，すなわち直線偏光の光が溶液を通過する間に偏光面を回転させる現象は，右回りの円偏光と左回りの円偏光で溶液内での速度に違いがある，つまり屈折率が異なることに起因する．α-D-グルコースは比旋光度（1 g/dLの溶液中を10 cm進んだときに回転する角度）が112°，β-D-グルコースは19°であるが，いずれの異性体（エピマー）を水に溶かした溶液も徐々に平衡に達し，平衡状態でα型が36%，β型が64%存在となって，比旋光度は53°となる．

ルイ・パスツール（1822-1895）は，生体分子の旋光性を物質の構造と関連づけた最初の人で，旋光性をもたないラセミ酸（ブドウ酸）の溶液から，結晶化によって右旋性のD-酒石酸と左旋性のL-酒石酸を顕微鏡下で分離することに成功している．

ルイ・パスツール
（写真提供：共同通信社）

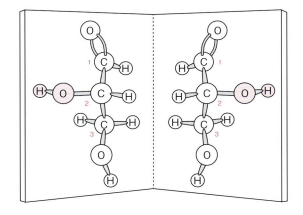

L-グリセルアルデヒド　　　D-グリセルアルデヒド

図4・2　L形，D形のグリセルアルデヒド

のアルデヒド基をもつ中間体が少量存在するためにグルコースはアルカリ性溶液中で還元性を示し，フェーリング液で検出される．

グルコースはフィッシャーの投影式で書くと，3の位置だけOHが左側にきている．5および6位の炭素を固定して，2位から4位までの炭素に結合しているOH基の向きによって異性体ができるので，$2^3 = 8$ 種類の異性体が存在する（図4・3）．このような異性体を糖ではとくに**ジアステレオマー**とよぶ．図を見ると各異性体はほとんど同じような格好をしていて，性質もほとんど変わらないわけだが，代謝反応に関わる酵素や輸送タンパク質はこれらの小さな違いを厳密に見分け，特定の酵素は特定のジアステレオマーだけを基質とすることができる．

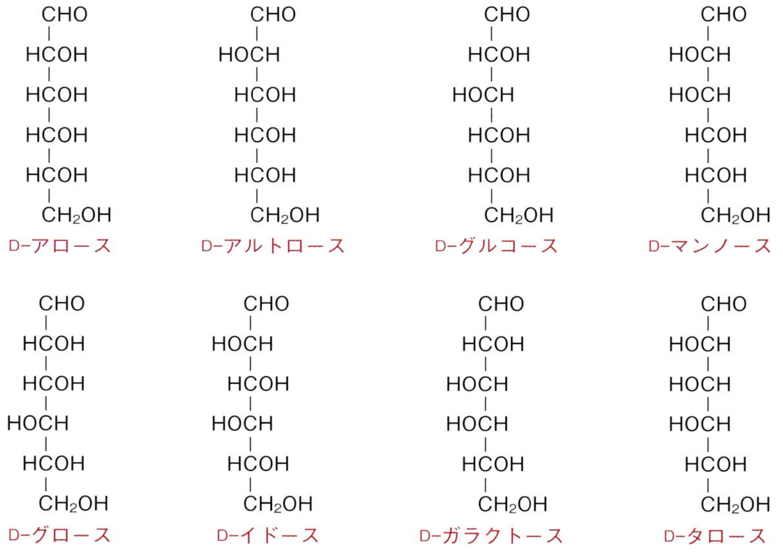

図4・3　D-グルコースの立体異性体（エピマー）

自然界にはグルコース以外にもたくさんの種類の糖が存在していて，これらは炭素数やヒドロキシ基の向きによって区別される．以下，三炭糖から七炭糖まで，つまり3つから7つまでの炭素をもつ糖を順に見てみよう（図4・4）．

▶**三　炭　糖**

グルコースのようにアルデヒド基（CHO）をもつ糖を**アルドース**とよぶが，グリセルアルデヒドは最も小さなアルドースである．一方，アルデヒド基ではなくてケトン（C=O）をもつ異性体があり，**ケトース**とよばれる．ジヒドロキシアセトンは最も小さなケトースである．解糖系と光合成の還元的ペントースリン酸回路にはそれぞれグリセルアルデヒド3-リン酸，ジヒドロキシアセ

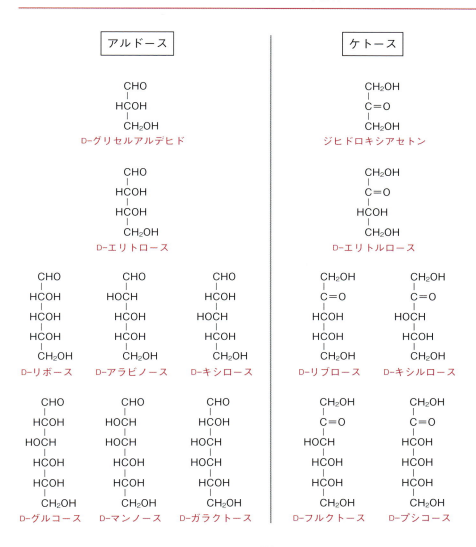

図 4・4　主な単糖類

トンリン酸として登場する（表 4・1）．

▶四 炭 糖

　四炭糖としてはエリトロースなどがある．エリトロース 4-リン酸の形で還元的ペントースリン酸回路に登場する．

▶五 炭 糖

　リボース，キシルロース，リブロースの構造を示す．それぞれリボース 5-リン酸，キシルロース 5-リン酸，リブロース 5-リン酸として還元的ペントースリン酸回路に登場する．

　リボースの 2 位の OH が H に置換されたものがデオキシリボースである．

表 4·1　糖と関連代謝経路

糖	糖リン酸	関連代謝経路
グリセルアルデヒド	グリセルアルデヒド 3-リン酸	解糖系，ペントースリン酸回路，カルビン回路
ジヒドロキシアセトン	ジヒドロキシアセトンリン酸	解糖系，カルビン回路
エリトロース	エリトロース 4-リン酸	ペントースリン酸回路，カルビン回路
リボース	リボース 5-リン酸	ペントースリン酸回路，カルビン回路
キシルロース	キシルロース 5-リン酸	ペントースリン酸回路，カルビン回路
リブロース	リブロース 5-リン酸	ペントースリン酸回路，カルビン回路
フルクトース	フルクトース 6-リン酸	解糖系，ペントースリン酸回路，カルビン回路
	フルクトース 1,6-ビスリン酸	解糖系，ペントースリン酸回路，カルビン回路
グルコース	グルコース 1-リン酸	解糖系
	グルコース 6-リン酸	解糖系，ペントースリン酸回路
セドヘプツロース	セドヘプツロース 7-リン酸	ペントースリン酸回路，カルビン回路
	セドヘプツロース 1,7-ビスリン酸	カルビン回路

リボースが RNA（リボ核酸）の構成成分であるのに対して，デオキシリボースは DNA（デオキシリボ核酸）の構成成分である．デオキシリボースはリボヌクレオシド二リン酸が基質となって，リボースの 2 位の OH 基がリボヌクレオチドレダクターゼという酵素の働きで還元されることによって生じる．

▶六 炭 糖

六炭糖アルドースのグルコースについてはすでに詳しく述べた．ケトースの代表例として D-フルクトース（果糖）を図 4·5 に示す．グルコースなどで見られる六員環をピラノース環（5 個の炭素原子と 1 個の酸素原子からなる環：グルコピラノース）とよび，それに対してフルクトースなどで見られる五員環はフラノース環（4 個の炭素原子と 1 個の酸素原子からなる）とよばれる．

フルクトース（果糖）はケトースだがやはり還元性を示し，単糖中で最も甘い．果実中などに単糖として存在するほか，グルコースと縮合して二単糖のショ糖（スクロース＝ β-D-フルクトフラノシル α-D-グルコピラノシド，砂糖の主成分）を構成する．フルクトース 1-リン酸，フルクトース 1,6-ビスリン酸は解

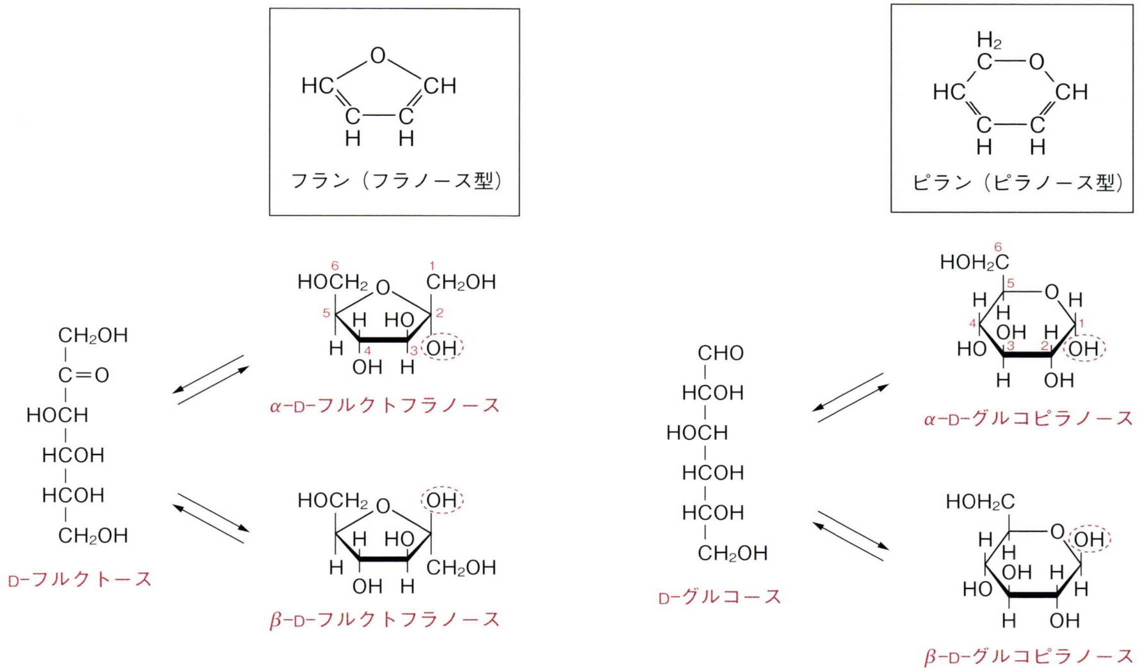

図4·5 フラノースとピラノース

糖系（8章）や還元的ペントースリン酸回路（10章）に登場する．

　ガラクトースはアルドースで，生体中ではUDPグルコースイソメラーゼによって触媒されるUDP-Glc ⇄ UDP-Gal（Glc＝グルコース，Gal＝ガラクトース，UDP＝ウリジン5′-二リン酸）の反応によってグルコースと相互変換が可能である．ラクトース（乳糖）はガラクトースとグルコースの縮合体（β-D-ガラクトピラノシル-(1→4)-D-グルコース）である．ガラクトースはオリゴ糖や多糖類中に見いだされるほか，ガラクトースまたはガラクトサミンとして糖タンパク質の糖鎖にも見いだされる．

　マンノースは植物由来のマンナンなどの多糖類に見いだされるが，ほかに糖タンパク質の構成成分として存在する．

▶七炭糖

　セドヘプツロースはペントースリン酸回路（9章）や光合成の還元的ペントースリン酸回路（10章）にリン酸エステルとして見いだされる．

▶アミノ糖

　すでに，糖にリン酸基の結合したグルコースリン酸などの糖リン酸について述べたが，アミノ基をもつ糖も存在する．グルコサミン，ガラクトサミン，マンノサミンはそれぞれグルコース，ガラクトース，マンノースの2位のOHが

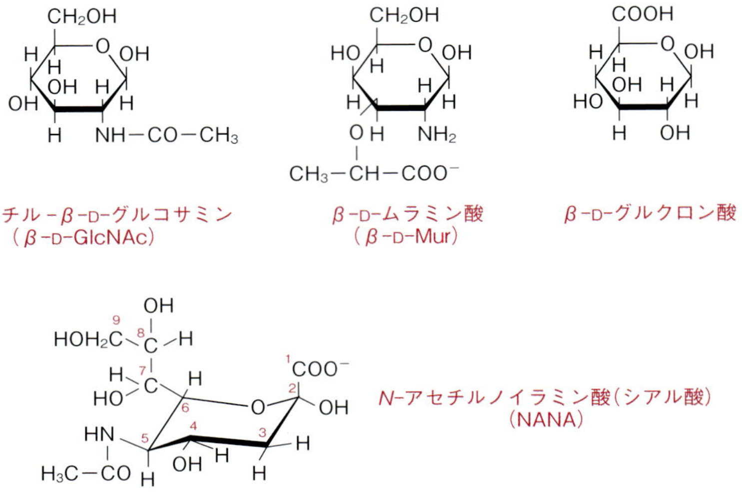

図 4・6 いろいろな修飾糖

アミノ基に置換したもので，多糖類にしばしば見いだされるが，多くの場合，アミノ基はアセチル化している（図 4・6）．

▶ **その他の単糖**

その他しばしば見いだされる単糖にシアル酸と N-アセチルムラミン酸がある．両者の構造を図 4・6 に示す．シアル酸はノイラミン酸のアシル誘導体の総称で 15 種類以上知られているが，とくに N-アセチルノイラミン酸は細胞表層の複合糖質の末端にしばしば見いだされる．

D-グルコースの 6 位の炭素が酸化されてカルボキシ基になったものは D-グルクロン酸，1 位のアルデヒドがカルボキシ基になったものは D-グルコン酸で，ウロン酸と総称される．グルクロン酸は植物や細菌の多糖類の原料となり，動物ではエストロゲンなどと結合して尿中に排泄される．

血清中のグルコースの定量にはグルコースオキシダーゼが使われ，グルコースからグルコン酸が生じるが，このとき過酸化水素が発生するので，これを定量することによってグルコースの量がわかる．

4・3 オリゴ糖

複数の糖がグリコシド結合で結合して，二糖類（図 4・7）をはじめとするオリゴ糖や多糖類を形成する．

ここで，糖分子間の結合の表し方について述べておくと，結合する 2 つの糖を図 4・7 のように左側に非還元末端がくるように置き，左の糖の 1 位と右の糖の 4 位が結合していれば 1→4 のように表す．ただし，1 位の炭素は α 配位

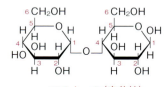

スクロース（ショ糖）
= α-D-グルコシル (1→2) β-D-フルクトース

ラクトース（乳糖）
= β-D-ガラクトシル (1→4) β-D-グルコース

マルトース（麦芽糖）
= α-D-グルコシル (1→4) β-D-グルコース

図 4·7 いろいろな二糖類

と β 配位があるので，たとえば，**ラクトース**（乳糖）の場合は β1 → 4 である．ラクトースは牛乳に含まれていて，ガラクトースとグルコースが β 1 → 4 結合したもので還元性をもつ．ラクトースのグリコシド結合は β ガラクトシド結合ともよばれ，これを切断する酵素が β ガラクトシダーゼである．

グルコースが α1 → 4 結合で 2 分子結合したものは**マルトース**（麦芽糖）とよばれる．マルトースは水飴の主成分で，ショ糖の 3 分の 1 程度の甘さがある．マルトースはデンプンをアミラーゼで消化すると中間体として生じる還元糖である．マルトースのようにグルコースどうしが結合する場合のグリコシド結合はとくに**グルコシド結合**とよばれる．1 位の炭素が結合に使われると，アルデヒド基としては機能しなくなる．すなわち，還元末端がブロックされていて非還元末端とよばれる．これに対して，4 位で結合している糖は 1 位の炭素が還元性を保持しているので還元末端とよばれる．

私たちにもっともなじみが深い砂糖の主成分は**スクロース**（ショ糖）である．スクロースの場合はフルクトースがケトースで，2 位に α 配位，β 配位の区別が生じるため，α1 → β2 のように表される．スクロースには還元性はない（図 4·7）．

4·4 多 糖 類

単糖が数十個以上グリコシド結合で重合したものは多糖とよばれる．栄養源として重要な多糖類としてすでに，グルコースの重合体であるデンプン，グリコーゲン，また植物細胞壁のセルロースの名前が登場した．

デンプンはアミロースとアミロペクチンの混合物であって，アミロースはグ

ルコースが α1→4 結合で線状に重合したものである．α1→4 結合であるために，アミロースは完全にのびた形にはなれなくてらせん構造になる．ヨウ素デンプン反応はヨウ素（I_2）の周りにアミロースが らせん状に巻き付いてヨウ素-デンプン複合体を作ることによって起こることが知られている．

アミロペクチンはグリコーゲンと似た構造で，主鎖は共に α1→4 であるが，主鎖から α1→6 結合で枝分かれがある（図 4·8a，b）．グリコーゲンの方が α1→6 結合による枝分かれが多数ある．お米の味にはアミロースとアミロペクチンの存在比が影響していると言われている．

グリコーゲンやデンプンはアミラーゼの作用で加水分解されるが，アミラーゼにはいろいろの種類がある．α-アミラーゼはエンド型といって，端でなくて途中から α1→4 結合を切ることのできる酵素であり，β-アミラーゼは非還元末端からマルトースを単位として切断していくエキソ型酵素である．

セルロースはグルコースが β1→4 結合でつながっている（図 4·8c）．

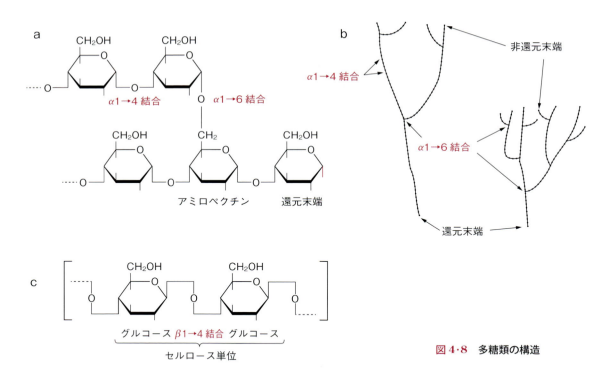

図 4·8　多糖類の構造

キチンは N-アセチルグルコサミンが β1→4 結合で多数重合したもので，カニなどの節足動物の外骨格を作る構造多糖である．いままでは無用としてただ捨てられていたキチンが見直され，手術用の糸に加工されたり，紙に再生されるなど注目を集めている．

以上述べたのは，すべて基本単位が同一の糖の場合でホモ多糖とよばれるが，2種類以上の糖が共重合したものはヘテロ糖といわれる．2種類の糖が交互に共重合したものは多く知られており，そのうち，とくにヘキソサミン（グルコサミン，ガラクトサミンまたはその誘導体）とウロン酸の二糖の繰り返し単位からなる場合は**ムコ多糖**とよばれる．ムコ多糖には眼のガラス体や細胞間の潤滑剤として生体に含まれるヒアルロン酸，骨や腱に含まれるコンドロイチン硫酸などがある．血液の凝固防止剤として働くヘパリンはウロン酸とグルコサミンが主として $\alpha 1 \rightarrow 4$ 結合したものの重合体である．

 このほか，細菌の細胞壁であるペプチドグリカンはヘテロ多糖がペプチドで架橋されたものであり，ヘテロ多糖の部分は N-アセチルグルコサミンと N-アセチルムラミン酸が $\beta 1 \rightarrow 4$ 結合で交互に結合したムコ多糖であって，$\beta 1 \rightarrow 4$ 結合であるために固い構造になっている（図 4·9）．

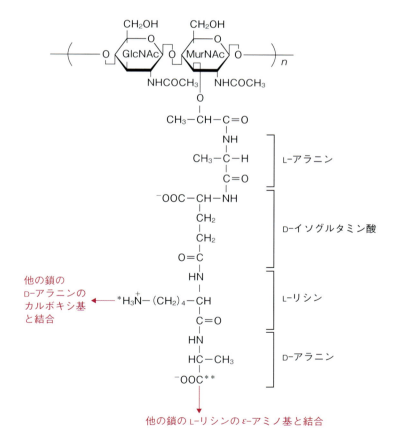

図 4·9　グラム陰性菌の細胞壁
（ペプチドグリカン）

4・5　糖タンパク質

タンパク質には糖鎖をもつものが多く，とくに血液中のタンパク質はほとんどが糖タンパク質である．糖鎖自体は機能には直接関与しない場合も多く，プロテアーゼによる分解を防いでいるのではないかと思われるが，膜表層のレセプターであるアドレナリン受容体のように，糖鎖が分子認識に重要な場合も報告されている．

糖タンパク質は糖鎖とタンパク質との結合の様式によって2つに分けられる．①タンパク質のアスパラギン残基に *N*- アセチルグルコサミンの結合した ***N*型糖鎖**と，②タンパク質のセリンまたはスレオニン残基に *N*- アセチルガラクトサミンが結合した ***O*型糖鎖**である（図4・10）．いずれの場合も糖は還元末端でタンパク質に結合する．

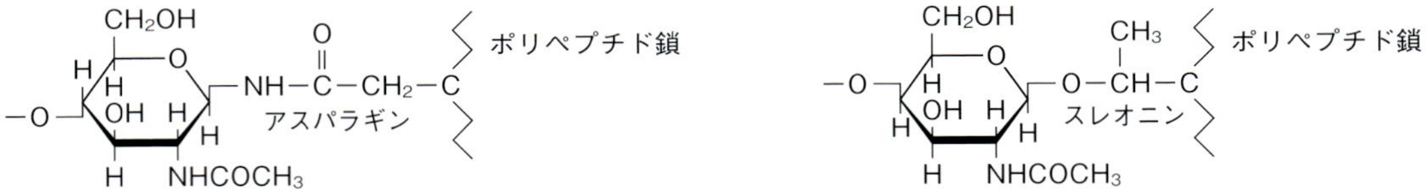

N-アセチルグルコサミン　① *N* 型結合　　*N*-アセチルガラクトサミン　② *O* 型結合

Man α(1→6) ╲
　　　　　　　Man β(1→4) − GlcNAc β(1→4) − GlcNAc β(1→*N*) − Asn
Man α(1→3) ╱

N 型糖鎖の例

図4・10　糖タンパク質の *N* 型および *O* 型糖鎖

N 型はさらに，高マンノース型，複合型，混合型に分けられる．これらの糖鎖の非還元末端にはシアル酸やフコースが結合していることが多い．

がん細胞には，特異的な糖鎖をもつ糖タンパク質が現れ，がん細胞の指標とされることがあるが，機能は不明である．

ムコ多糖が多数のリンカータンパク質と結合したものはプロテオグリカンとよばれ，タンパク質より糖の占める割合が圧倒的に高く，糖タンパク質とは区別される．

★ 糖の甘さについて ★

　糖といえば、砂糖、甘いものを思い浮かべることだろう。砂糖すなわちスクロース（ショ糖）は甘いのが特徴だが、糖の甘さと構造にはどのような関係があるのだろうか。スクロースの構成成分のグルコースも甘い。このグルコースの6位のCH_2OHをCH_3で置き換えたもの（D-キノボース）、Hで置き換えたもの（D-キシロース）の甘さを比較すると、この順に甘さが減る。甘さはこの6位（つまり5位に結合する）置換基の種類によるらしい。ちなみに、環構造中のOはCH_2に換えても甘さは変わらないので、この酸素原子は甘さには関係がない。

D-グルコース　　　D-キノボース　　　D-キシロース

トピックス. 血液型の糖鎖

　血液型が性格と関係あるかどうかは別として、生化学的には血液型の違いは赤血球細胞膜表層の糖タンパク質や糖脂質の糖鎖の構造の違いに起因している。

　図4・11に示したように、O型の糖鎖はA型やB型の糖鎖よりも糖1個分短い。A型とB型の違いはO型糖鎖の非還元末端のガラクトースに N-アセチルガラクトサミンが結合しているか、ガラクトースが結合しているかの違いである。

　どうしてこのような違いが生じるかというと、A型の人は N-アセチルガラクトサミン転移酵素（トランスフェラーゼ）をもっているのに対して、B型の人はガラクトサミン転移酵素をもっており、AB型の人は両方の酵素をもっている。これに対して、O型の人はいずれの酵素ももち合わせていないからである。

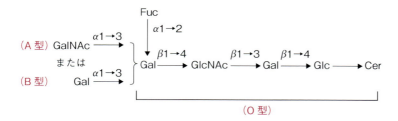

Gal：ガラクトース，Fuc：L-フコース，GlcNAc：N-アセチルグルコサミン，
GalNAc：N-アセチルガルクトサミン，Cer：セラミド

図4・11　血液型糖鎖

練習問題

(1) 次の二糖類のうちで，フェーリング試薬陽性のものはどれか．
　　　スクロース，ラクトース，マルトース

(2) 六単糖のアルドースとケトースはそれぞれいくつの異性体（エピマー）をもつか，計算によって示しなさい．

(3) 薬局で糖尿病検査試薬としてグルコースの濃度を家庭で簡便に測定する試験紙が市販されている．この試験紙はグルコースオキシダーゼとペルオキシダーゼとオルトトリジンがろ紙に吸着させてある．測定の原理について考えなさい．

(4) 図4・8(のb)にはグリコーゲン分子が模式的に描かれている．•はグルコース分子を表している．この分子をα-アミラーゼで消化するとき生じる産物は何か．また，この分子を無機リン酸存在下でホスホリラーゼで消化するときに生じる産物は何か．

5. 脂　質

　普段の生活では，「脂肪」という言葉をよく使い，「肉の脂肪」，「太って脂肪がたまる」などというが，生化学ではもう少し広い意味で「脂質」という言葉が使われる．

　脂質というと，「太る」，「コレステロール」などという言葉を連想するかもしれない．運動しないで食べ過ぎると脂質が蓄積されて太る，コレステロールが血管に沈着すると脳血栓になりやすいなど，脂質にはあまりよいイメージがない．しかし，脂質も生体に必須の化合物であって，とりわけ細胞膜の構成成分として重要である．また，エネルギーの貯蔵物質としての脂質の役割も無視することはできない．

5・1　脂質とは何か

　脂質はタンパク質，糖質に対応する言葉であるが，広く疎水性の分子を含んでいて，タンパク質や糖質に比べるとはっきりと定義するのは難しい．①長鎖脂肪酸，②コレステロール，③長鎖脂肪酸とアルコールとのエステルまたはこれと類似の物質群と考えるのが一般的である．水になじまず，油に親和性がある．

　脂質はまず細胞膜の構成成分である．したがって，脂質なしには細胞ができない．ある種のホルモンも脂質由来である．エネルギーの貯蔵物質としての脂質も重要である．後に見るように，糖を分解するよりも，脂質を分解した方がたくさんの ATP が得られる．

（写真提供：ピクスタ）

5・2　脂質の種類と構造

　脂質は大きく分けて**単純脂質**と**複合脂質**に分けられる．単純脂質は脂肪酸，ステロール，アシルグリセロールなどを含み，C，H，O からなっていて一般にアセトンに可溶である．これに対して，複合脂質は C，H，O のほかにリン

酸の P，塩基の N や糖などを含む脂質群である．

5・2・1 単純脂質
▶脂肪酸

脂肪酸は大部分が脂肪の主成分である**アシルグリセロール**の形で存在するが，遊離の形でも存在する．アシルグリセロールを加水分解して得られる脂肪酸は，アルキル鎖（メチレン基 -CH_2- が連なったもの）に 1 個のカルボキシ基が結合した脂肪族モノカルボン酸である．

$$H_3C\text{-}(CH_2)_n\text{-}COOH$$

脂肪酸は飽和脂肪酸と不飽和脂肪酸に分けられる．表 5・1 に主な脂肪酸をまとめてある．飽和脂肪酸は $C_nH_{2n+1}COOH$ の化学式で表される．動物脂質中に最も普通に見られるのは C_{16} のパルミチン酸と C_{18} のステアリン酸である．

表 5・1 主な脂肪酸

	炭素数		略記	コメント
飽和脂肪酸	12	ラウリン酸	12：0	
	14	ミリスチン酸	14：0	
	16	パルミチン酸	16：0	
	18	ステアリン酸	18：0	融点 70℃
	20	アラキジン酸	20：0	
不飽和脂肪酸	16	パルミトレイン酸	16：1 $cis\Delta^9$	
	18	オレイン酸	18：1 $cis\Delta^9$	
	18	リノール酸	18：2 $cis\Delta^{9,12}$	融点 −5℃
	18	α-リノレン酸	18：3 $cis\Delta^{9,12,15}$	
	20	アラキドン酸	20：4 $cis\Delta^{5,8,11,14}$	融点 −50℃

（18：1 $cis\Delta^9$ とは炭素数が 18 で二重結合が 1 つあり，その位置が 9 と 10 の間で結合は cis であることを示す）

代表的な不飽和脂肪酸はオレイン酸やリノール酸であり，オレイン酸は動物の細胞膜に最も多く存在する不飽和脂肪酸である（図 5・1）．

二重結合は炭化水素鎖の結合の位置の違いによってシス（cis）結合とトランス（$trans$）結合の 2 つの場合が考えられるが，ほとんどがシス結合である．炭化水素鎖は二重結合のところで折れ曲がる．そのため，飽和脂肪酸に比べて不飽和脂肪酸は分子が隣同士きっちりと空間を埋めることができにくくなり，その結果 融点は低くなる（表 5・1）．

脂肪酸ではカルボキシ基の炭素を 1 番として数えるが，オレイン酸のよう

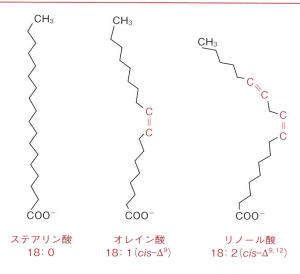

図 5·1　飽和脂肪酸と不飽和脂肪酸

に 9 番目と 10 番目の炭素の間にシスの二重結合があるときには cis-Δ^9 と書く．オレイン酸の正式な（IUPAC の命名法；IUPAC＝国際純正および応用化学連合）名称は cis-Δ^9 オクタデカン酸である．

アラキドン酸は図 5·2 のように 4 つの二重結合をもつ不飽和脂肪酸である．アラキドン酸の誘導体で，五員環を含む C_{20} の脂肪酸をプロスタン酸とよび，これに二重結合，ヒドロキシ基，ケト基などが導入された化合物は**プロスタグランジン**と総称され，平滑筋収縮，血圧降下，血小板凝集，胃酸分泌の抑制など多くの生理活性をもつ物質として知られている．アラキドン酸からプロスタグランジンなど種々の生理活性物質を生合成する過程はアラキドン酸カスケードとして知られている（カスケードとはいくつにも枝分かれして広がっていく滝のこと）．

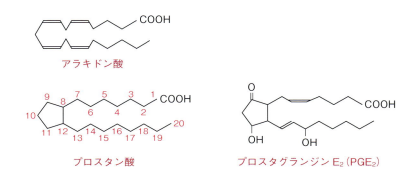

図 5·2　アラキドン酸とプロスタグランジン

▶トリアシルグリセロール（トリグリセリド）

アシルグリセロールは脂肪の主成分で，グリセロール（グリセリン）と脂肪酸がエステル結合したものである．**中性脂質**ともいわれる．脂肪酸が1つ結合したものをモノアシルグリセロール，2つ結合したものをジアシルグリセロール，3つ結合したものをトリアシルグリセロールとよぶ（図5・3）．

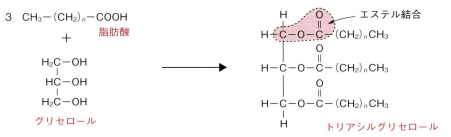

図5・3　トリアシルグリセロール

アシルグリセロールはほとんどがトリアシルグリセロールとして存在し，モノやジアシルグリセロールはトリアシルグリセロール合成の中間体としてのみ見られる．トリアシルグリセロールの3つの脂肪酸は同じものもあれば3つとも異なる場合もある．

▶コレステロール

図5・4に示したようなステロイド核をもつ化合物を**ステロイド**という．さらに，ステロイドの3位にヒドロキシ基をもち，17位に炭素数8以上の炭化水素基をもつものを**ステロール**という．**コレステロール**は最も代表的なステロールである．

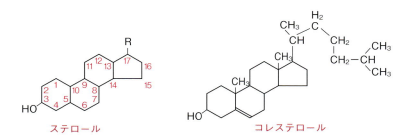

図5・4　コレステロール

コレステロールというと血管に沈着して血栓を生じる悪者というイメージが強いが，細胞膜の重要な成分であるだけでなく，胆汁，性腺ホルモン，副腎皮質ホルモン，ビタミンDなどの前駆体ともなる重要な物質である．

細胞膜では**コレステロール**は親水性の部分を脂質二重層の外側に出して疎水

性の部分を内側に挿入する．コレステロールはリン脂質の飽和脂肪酸側鎖どうしが隣接するのを妨げ，融点を下げるが，不飽和脂肪酸側鎖の間に入ってむしろ膜の流動性を下げ，細胞膜を固くする役割も果たしている．この両面の性質は細胞膜の流動性を一定に保つ機能を果たしていると考えられる．

ステロイド骨格をもつホルモンを**ステロイドホルモン**という．代表的なステロイドホルモンを表5・2に掲げた．脂溶性ホルモンはステロイドホルモンと上記のプロスタグランジンに分けられる．

血漿のリポタンパク質はコレステロールやコレステロールエステルを結合している．コレステロールエステルはコレステロールの3位のOHに脂肪酸がエステル結合したものでコレステロールの運搬型と考えられる．

表5・2 脂溶性ホルモン（ステロイドホルモン）

分 類	重要な例		コメント
性ホルモン			
アンドロゲン	テストステロン	(構造式)	男性二次生殖器官の発達（睾丸，副腎皮質で生産）
エストロゲン	エストラジオール	(構造式)	女性二次生殖器官の維持（卵巣，胎盤で生産）
プロゲステロン	プロゲステロン	(構造式)	乳腺の発達，排卵抑制，胚受容の準備（卵巣，胎盤で生産）
副腎皮質ホルモン			
ミネラルコルチコイド	アルドステロン	(構造式)	腎臓によるNa^+再吸収の増加，汗腺などによるNa^+分泌の減少（副腎皮質で生産）
グルココルチコイド	コルチゾール	(構造式)	血糖増加，肝臓糖新生促進，抗炎症作用（副腎皮質で生産）

▶その他の単純脂質

植物に見られるロウ（ワックス）は，長鎖の脂肪酸と長鎖の第 1 級アルコールのエステルである．植物の葉や昆虫の中には，体表などをワックスでおおって体表から水分が逃げるのを防いでいるものがある．

レチノール（ビタミン A）も単純脂質である．レチノールの一部は酵素アルデヒドデヒドロゲナーゼによって**レチナール**に変換される．レチナールはロドプシンに含まれる視物質で，光を吸収すると **11- シス - レチナール**から全トランスレチナールに可逆的に変換する（図 5･5）．ビタミン A のほかにも種々の脂溶性ビタミンが知られている．これを表 5･3 に示した．

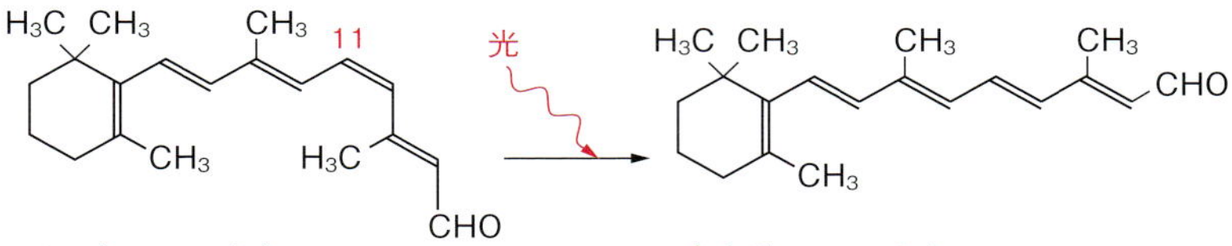

11–シス–レチナール　　全トランスレチナール

図 5･5　レチナールの光による構造変化

表 5･3　脂溶性ビタミン

	役　割	欠　乏
ビタミン A(A_1) 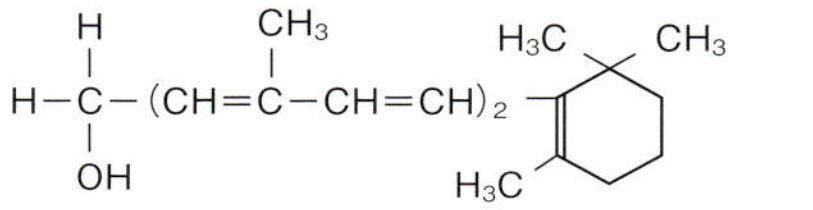	上皮組織と粘液分泌の維持，視覚機能への関与	夜盲症，肺などの上皮組織損傷，腎臓や胆嚢障害
ビタミン K(K_1) 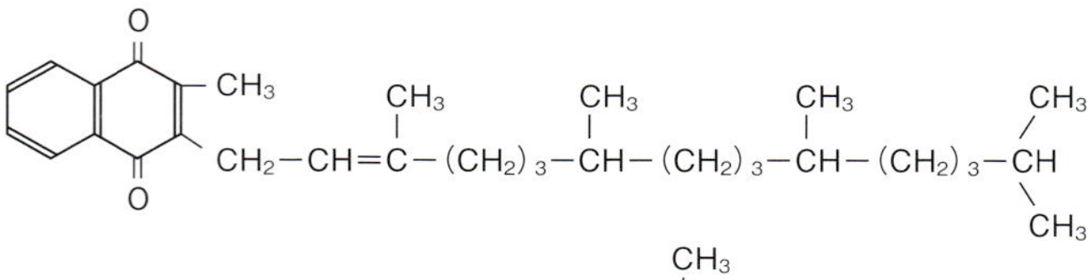	血液凝固に必要なプロトロンビンの合成促進	出血性貧血
ビタミン D 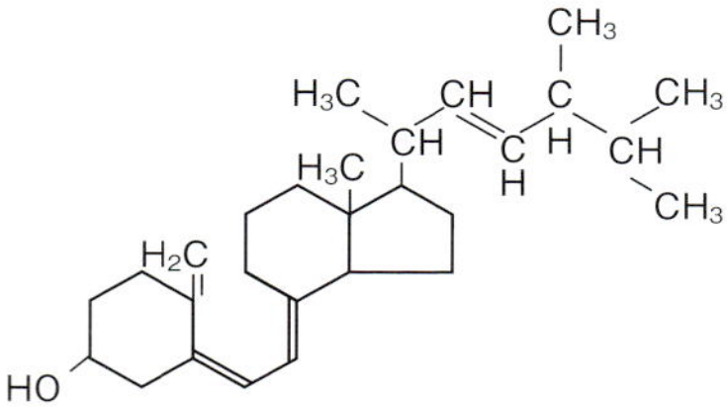	腸からのカルシウムとリンの吸収促進，骨の石灰化	くる病，骨の奇形
ビタミン E 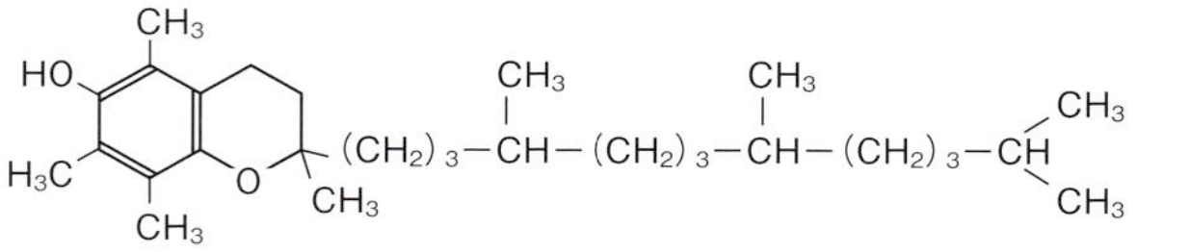	ヒトでは不明，不飽和脂肪酸の分解を阻害している可能性がある	

なお，テルペノイド（テルペン，イソプレノイドともいう）はイソプレン（図5・6 上）を構成単位とする一群の天然有機化合物で，ステロイドやカロテノイド（カロチノイド）を含む（図5・6）．β-カロテン（β-カロチン）は代表的なカロテノイドでニンジンの根などに含まれ，動物体内でビタミンAに転換する．

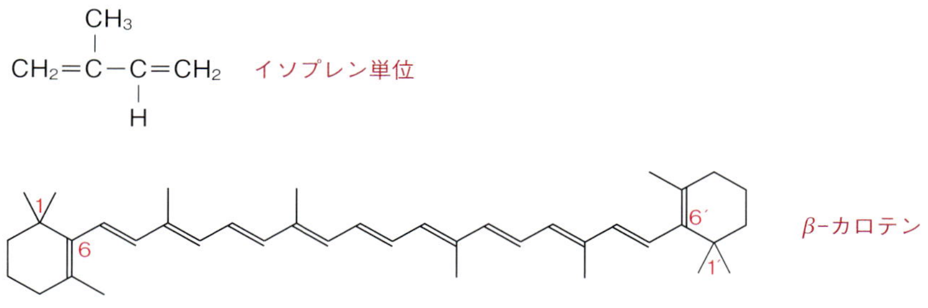

イソプレン単位

β-カロテン

図5・6　カロテノイドの例（β-カロテン）

5・2・2 複合脂質

複合脂質はC，H，O以外の原子，すなわちPやNを含むもので**リン脂質**と**糖脂質**に分類され，さらにそれぞれが**グリセロ脂質**と**スフィンゴ脂質**に分けられるので，以下の4つに分けることができる．

①**グリセロリン脂質**　図5・7のグリセロリン酸を骨格としてもつリン脂質で，**ホスファチジルコリン**（レシチン；1位は飽和脂肪酸，2位は不飽和脂肪酸が多い），**ホスファチジルエタノールアミン**（脂肪酸はホスファチジルコリンと同様），1,3-ジホスファチジルグリセロール（カルジオリピン）などがある．いずれも細胞膜の構成成分として重要である．レシチンはとくに卵黄中に多く含まれる．カルジオリピンはミトコンドリアとクロロプラストの膜に局在している．

リン脂質を加水分解する酵素を**ホスホリパーゼ**と総称するが，A〜Dの4種があり，図5・8のように別々の場所を切断する．

②**スフィンゴリン脂質**　スフィンゴ脂質はグリセロールの代わりにスフィンゴシンなど長鎖塩基をもつ脂質の総称で，スフィンゴリン脂質（図5・9）とスフィンゴ糖脂質（図5・11）に分けられる．脳や神経膜，とくにミエリン鞘に多く存在する．スフィンゴシンの構造を図5・9上に示す．セラミドの末端OHにホスホコリンが結合したものが**スフィンゴミエリン**である．

③**グリセロ糖脂質**　グリセロ糖脂質（図5・10）は糖鎖に非極性基としてジアシルグリセロール，アルキルグリセロールなどをもつ糖脂質で，胃液，唾液

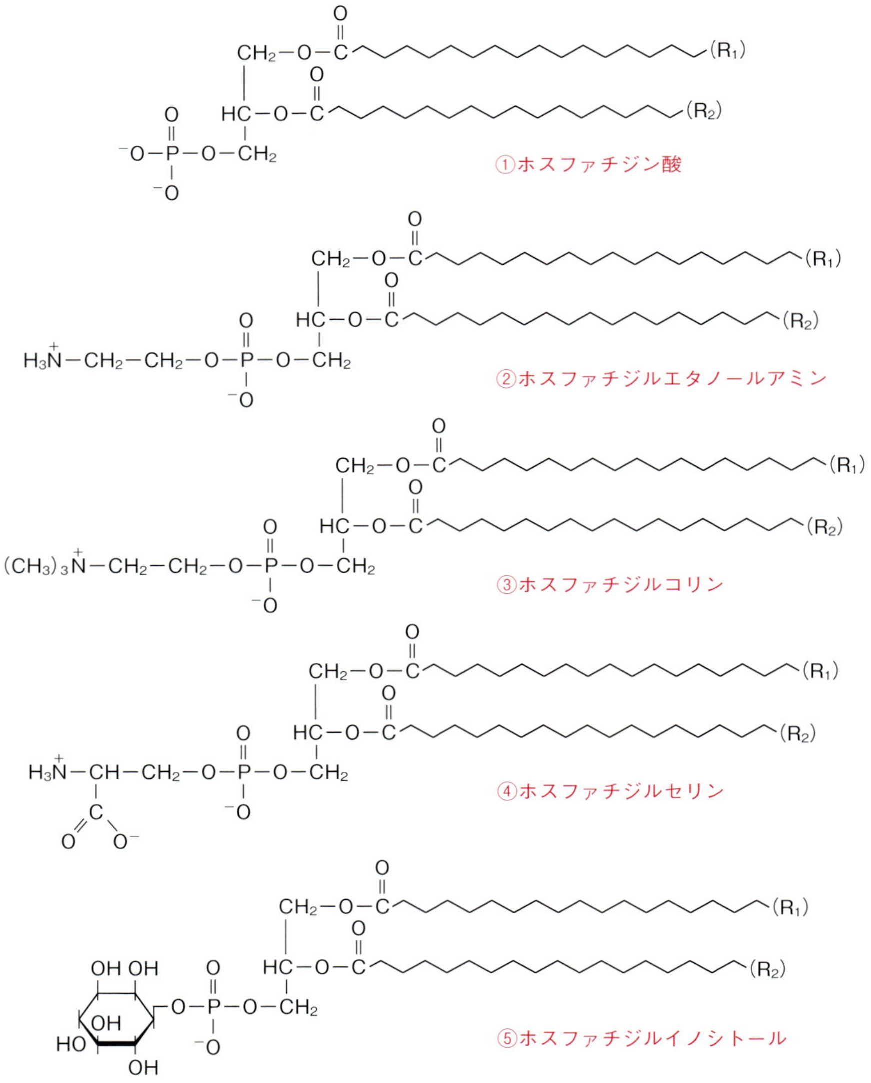
①ホスファチジン酸
②ホスファチジルエタノールアミン
③ホスファチジルコリン
④ホスファチジルセリン
⑤ホスファチジルイノシトール

図 5·7 いろいろなグリセロリン脂質

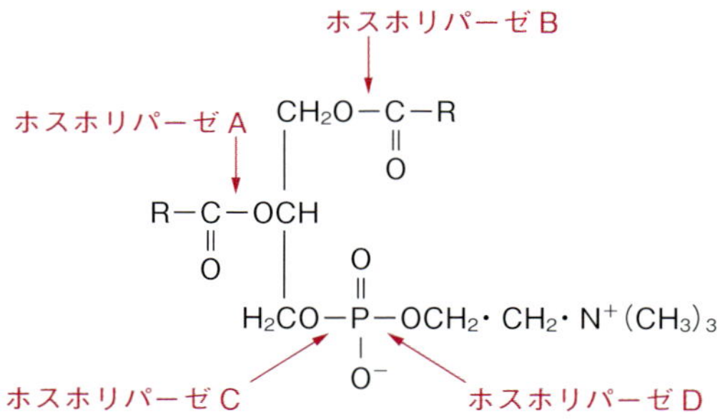
ホスホリパーゼ B
ホスホリパーゼ A
ホスホリパーゼ C
ホスホリパーゼ D

図 5·8 リン脂質を加水分解する 4 つの酵素

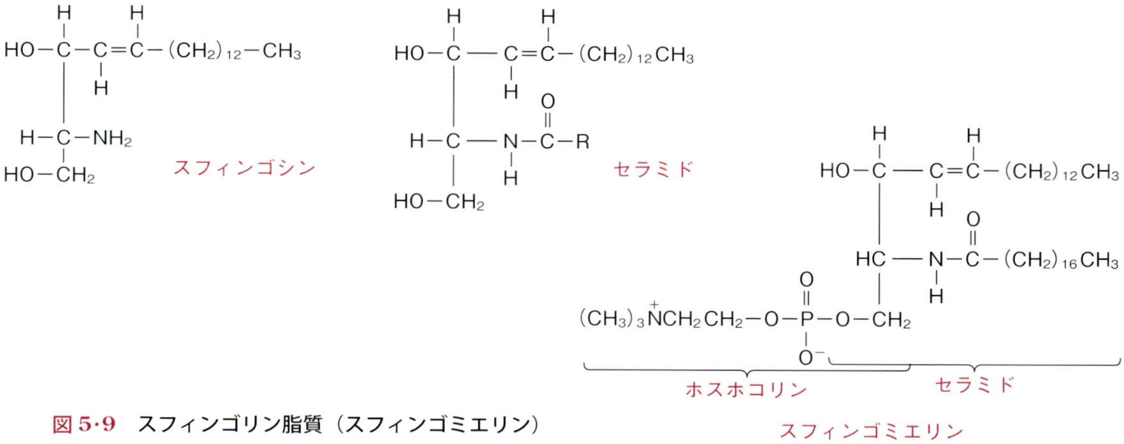

図5・9 スフィンゴリン脂質（スフィンゴミエリン）

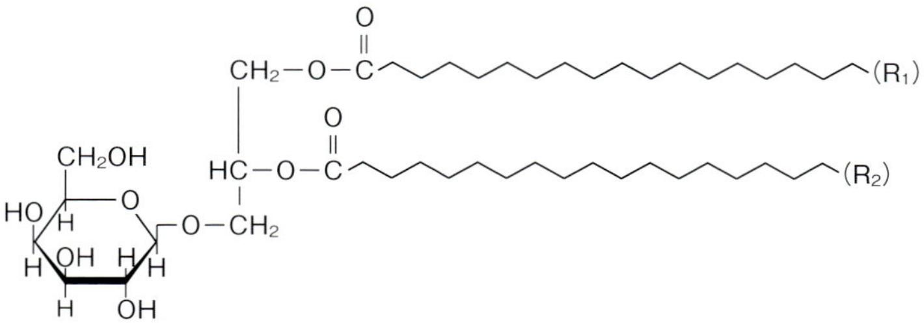

図5・10 グリセロ糖脂質
3-sn-β-モノガラクトシルジアシルグリセロール

に見られるほか，グラム陽性菌の細胞膜にも見られる．

糖鎖に中性糖のみを含むものを**中性グリセロ糖脂質**とよぶ．これはC，H，Oのみからなるので，単純脂質ともいえるが，糖を含むという意味で複合糖脂質に入れる．糖の数は1つから30個に達するものまで様々である．

これに対してグリセロール1-リン酸，3-ホスファチジル基，硫酸などを含むグリセロ糖脂質を**酸性グリセロ糖脂質**とよぶ．酸性グリセロ糖脂質は光合成膜やグラム陰性菌の細胞膜などに見られる．

④**スフィンゴ糖脂質**　スフィンゴ糖脂質は糖と長鎖脂肪酸のほかに長鎖塩基であるスフィンゴシンまたはフィトスフィンゴシンそのほかを含む．図5・11で，セラミドの末端OHにガラクトースが結合したものは最も単純なスフィンゴ糖脂質で**セレブロシド**とよばれ，脳や腎などに見られる．スフィンゴ糖脂質は細胞表層に存在して認識機構に関与していると考えられている．

ガラクトース，グルコース，N-アセチルガラクトサミン，NANA（N-アセチルノイラミン酸＝シアル酸の一種；図4・6）を含む糖鎖をもつスフィンゴ糖

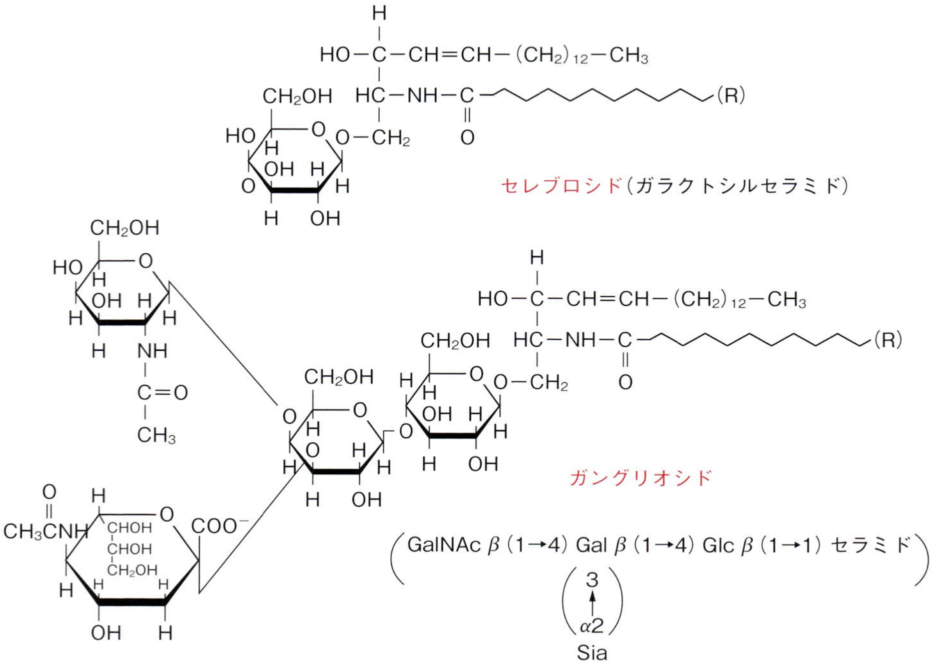

図 5・11　スフィンゴ糖脂質

GalNAc：N-アセチルガラクトサミン　　Glc：グルコース
Gal：ガラクトース　　Sia：シアル酸（N-アセチルノイラミン酸）

脂質は**ガングリオシド**とよばれる．

5・3　リポタンパク質

脂質は水に不溶で単独では存在できないので，アポタンパク質に結合し**リポタンパク質**として存在する．血漿やミルクや卵黄に含まれている．血漿リポタンパク質は脂質の運搬の役目を担っていて，いくつかの種類がある．つまり，コレステロールの脂肪酸エステル，トリアシルグリセロールなどが多い超低密度リポタンパク質（VLDL）または低密度リポタンパク質（LDL），リン脂質を多く含む高密度リポタンパク質（HDL）などがあり，タンパク質部分も少しずつ異なっている．これらの血漿リポタンパク質では脂質とタンパク質は非共有結合で結合しており，脂質がポリペプチドによって覆われた形になっている．

5・4　脂質結合タンパク質

「リポタンパク質」は歴史的な理由から，上記の脂質運搬体を指すが，共有結合で脂質を結合しているタンパク質もある．N 末端に Gly をもつタンパク質

はミリストイル（表5・1のミリスチン酸参照）されることがある（図5・12）．またC末端から4番目のCysがファルネシル化され，C末端3残基は切り離される．これらはタンパク質を膜につなぎ止めるアンカーの役割を果たす．GPIアンカー（グリコシルホスファチジルイノシトール アンカー）はC末端に結合する．この場合には，C末端の数残基の疎水性アミノ酸でつながれていたC末端側が切断され，生じたC末端がグリコシルホスファチジルイノシトールのアミノ基と結合する．

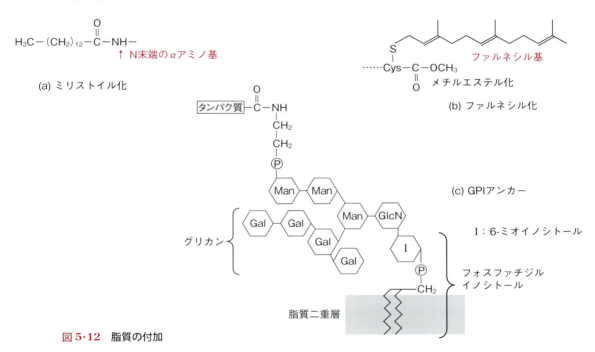

図5・12　脂質の付加

5・5　脂質と生体膜

細胞膜はすべての細胞の細胞質を包んでいて，原形質膜または形質膜ともよばれる．細胞膜の主成分は**グリセロリン脂質**で，基本構造は厚さ5 nmほどの**脂質二重層**である．

細胞膜にはさらにスフィンゴ脂質が含まれ，動物では**コレステロール**も含まれている（表5・4）．二重層の内側と外側では成分に偏りがあり，内側ではホスファチジルエタノールアミンとホスファチジルセリンが多く，外側にはスフィンゴミエリンとホスファチジルコリンが多い．ただし，細菌では内側と外側に同じ程度のジホスファチジルグリセロールがあり，内側にホスファチジルイノシトール，外側にホスファチジルグリセロールが多い．こうしてできた細

表 5・4　生体膜の構成成分（生体膜の脂質成分の比較；%）

脂　　質	ヒト赤血球膜	ウシ心臓ミトコンドリア	大腸菌
ホスファチジン酸	1.5	0	0
ホスファチジルコリン	19	39	0
ホスファチジルエタノールミアン	18	27	65
ホスファチジルグリセロール	0	0	18
ホスファチジルイノシトール	1	7	0
ホスファチジルセリン	8.0	0.5	0
スフィンゴミエリン	17.5	0	0
糖脂質	10	0	0
コレステロール	25	3	0
その他	0	23.5	17

（タンフォード，1973 より）

胞膜にはこのほか，糖脂質，糖タンパク質などが埋め込まれている（図 1・3 参照）．

　細胞膜は外界との区切りであるだけでなく，物質の輸送，エネルギーの交換，情報の認識と伝達などの役割を担っている．そのために，輸送タンパク質，ATP アーゼや多くの受容体を含む．

5・6　界面活性剤

　水に溶けて水の表面張力を減少させる物質を**界面活性剤**という．石けんは界面活性剤である．油紙の上に水滴を静かにのせると表面張力のために丸い球のようになる．楊枝の先に少量の石けん水をつけてその丸い水滴に触れると，表面張力が低下して水滴は押しつぶされるように広がってしまう．これは，石けんの主成分の高級（長鎖）脂肪酸が水に入ると，疎水性の部分を空気の側に向けるようにして気液界面に整列し，その結果，水の表面張力が下がるためである．

　脂肪酸やリン脂質のような両親媒性の脂質は，疎水性の部分（脂肪酸の部分）と親水性の部分を 1 分子中にもっていて**両親媒性**を示す．この両親媒性のために**ミセル**や**脂質二重層**を形成しやすい．ミセル（図 5・13）は水中で，ある濃度以上になると初めて生じる．ミセル形成の始まる濃度を**臨界ミセル濃度**とよぶ．また，適当な条件下で脂質二重層からなる**リポソーム**を形成することもで

きる．

　多くの膜タンパク質は膜に埋まった状態では研究しにくいので，可溶化して水溶液中で性質を調べることが生化学ではよく行われる．そのようなときに用いられる界面活性剤を表5・5に掲げる．この場合，界面活性剤は膜タンパク質の疎水性の領域（膜に埋まっている部分）に疎水性の部分で結合し，親水性部分を外に向けるので，その結果，膜タンパク質・界面活性剤複合体が親水性になって水に溶けるようになる．また，可溶化した膜タンパク質をリポソームに埋め込むときにも界面活性剤が用いられる．

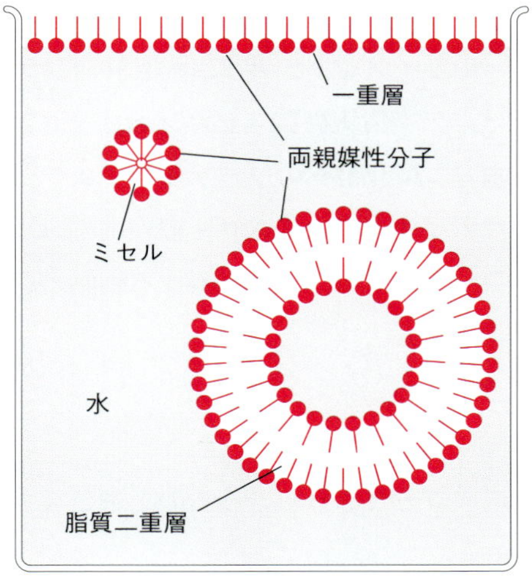

図5・13 ミセルと脂質二重層

表5・5 界面活性剤

種類		モデル
イオン性界面活性剤	陰イオン性	▭─◍ −
	陽イオン性	▭─◍ +
	両性	▭─◍◍ +−
非イオン性界面活性剤		▭─◍

▭：疎水原子団　　◍：親水原子団

　界面活性剤はイオン性界面活性剤と非イオン性界面活性剤に分けられる．SDS（ドデシル硫酸ナトリウム；陰イオン性）はSDS電気泳動で用いられる．

トピックス 1．シトクロム P450

　シトクロム P450 は副腎皮質や肝臓に存在する一群のヘムをもつ酵素で，450 nm に吸収をもつことからこうよばれる．副腎皮質では種々のステロイドホルモンの合成，肝臓では種々の薬物や異物を代謝排出する役割を担っている．いずれも NAD(P)H を補酵素として必要とし，分子状酸素を使って酸化するモノオキシゲナーゼとして働く．

　薬物や異物は疎水性の化合物であることが多く，細胞膜を通って侵入してくる．そこで，これらの化合物を排出するためには，ヒドロキシ化（水酸化）し，親水性にして外に出してやるわけである．60種類以上のP450が知られている．

トピックス 2. ホスホリパーゼ C

リン脂質の 1 種であるホスファチジルイノシトール（PI）は膜に微量ではあるが存在し，膜の重要な構成成分である．PI のイノシトール環の 4 位がリン酸化されると PI 4-リン酸 [PI(4)P] となり，さらに PI(4)P のイノシトール環の 5 位がリン酸化されると PI 4,5-ビスリン酸 [PI(4,5)P_2] になる．これらも膜微量構成リン脂質として存在し，とくに PI(4,5)P_2 は細胞内シグナル伝達において非常に重要な役割を果たしている．ホルモンや神経伝達物質，細胞増殖・分化因子など（これらを総称してアゴニストとよぶ）が細胞膜上に存在する受容体に結合すると，細胞内のホスホリパーゼ C が活性化され，この酵素の作用により PI(4,5)P_2 はジアシルグリセロールとイノシトール 2,4,5-トリスリン酸に加水分解される．これらの分解産物は，二次情報物質（セカンドメッセンジャー）として機能し，前者はタンパク質リン酸化酵素のプロテインキナーゼ C を活性化し，後者は小胞体からカルシウムイオンを放出させて細胞内のカルシウムイオン濃度を上昇させる．その結果，上記アゴニストに対する細胞の応答が発現される．

練習問題

(1) A 群の各化合物について，B 群から構成成分となっているものを選びなさい．
　A 群：スフィンゴミエリン，トリアシルグリセロール，ホスファチジルコリン，ガングリオシド，ロウ（ワックス）
　B 群：グリセロール，脂肪酸，リン酸，長鎖アルコール，糖質
(2) 飽和脂肪酸と不飽和脂肪酸の物理的性質の違いを述べなさい．また，脂質二重膜に及ぼす不飽和脂肪酸の影響について述べなさい．
(3) コレステロールは一般に健康に良くないと言われている．確かに，血中コレステロールが増えるのは好ましくないが，コレステロールは生体にとって重要な分子である．コレステロールの生理的意義について述べなさい．
(4) 次のビタミンおよびホルモンの中で脂質に属するものを選びなさい．
　ビタミン A_1，ビタミン B_2，ビタミン C，ビタミン D，ビタミン E，インシュリン，グルカゴン，アドレナリン，アンドロゲン

6. ヘモグロビンとミオグロビン

　呼吸，心臓の拍動，暖かい体温，これらは「生きている」ことを実感させる．動物が酸素を呼吸器（肺，えら，皮膚）に取り込んで二酸化炭素を放出することを**外呼吸**とよぶが，細胞が酸素を消費して二酸化炭素を発生する過程を**内呼吸**または**細胞呼吸**とよんでいる．ここでは，外呼吸が体内の細胞の活動とどう関わっているかを見てみる．

　呼吸によって肺の中に入った酸素は，肺胞の表面から拡散によって毛細血管に入り，中を流れる血液に取り込まれる．血液の中には，赤血球がある．赤血球は酸素運搬用に分化した細胞で，哺乳動物では幹細胞から分化し，血管に入ってから核を失う．**赤血球**は約 120 日の寿命をもつ．**ヘモグロビン**は赤血球内にあって，肺で酸素を結合し，生体内の各組織に酸素を運ぶ（図 6・1）．赤血球は円盤形で，中心部が少しへこんだ形をしているが，柔軟な構造をもち，毛細血管を通過するときは変形して自分の直径より細い管をうまくすり抜ける．血液が赤いのはヘモグロビンの**ヘム**に結合した二価の鉄原子のためである．

赤血球

　さて，こうして放出された酸素は拡散によって細胞に入り，電子伝達系（8 章）の最終段階で電子を受け取って水を生成する．細胞から出される二酸化炭素は

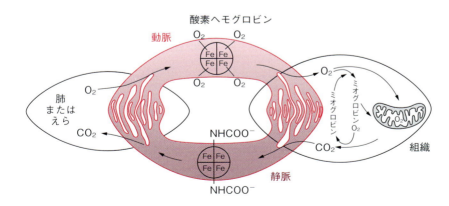

図 6・1　肺・血管・組織の酸素の循環

静脈に入り，一部はヘモグロビンに結合する．この二酸化炭素は主としてクエン酸回路の脱炭酸反応（8・2節参照）によるものである．

ところで，二酸化炭素は細胞内で気体になっては困るが，細胞内にはカルボニックアンヒドラーゼという酵素があって，発生した二酸化炭素を炭酸イオンにして溶けやすくしている．カルボニックアンヒドラーゼは Zn^{2+} を活性部位にもつ，非常にターンオーバー数（単位時間当たりに行う酵素反応の回数，p.81参照）の大きいことで知られる酵素である．

$$CO_2 + H_2O \longrightarrow H_2CO_3 \longrightarrow H^+ + HCO_3^-$$

この酵素は，ヘモグロビンが二酸化炭素を結合して肺に戻ったときに，肺胞から気体として放出する際にも重要な役割を果たしている．

ヘモグロビンと，一次構造も高次構造も大変よく似たタンパク質に**ミオグロビン**がある（図6・2）．ヘモグロビンが四量体であるのに対して，ミオグロビンは単量体であるところが異なっているが，いずれも分子内にヘム（図6・2）をもち，ヘムの中心にある2価の鉄 Fe^{2+} が酸素1分子を結合する．

まず，ミオグロビンについて見てみよう．

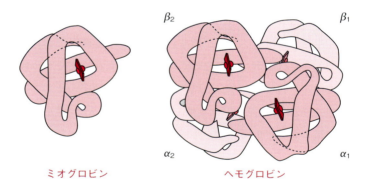

ミオグロビン　　ヘモグロビン

図6・2　ミオグロビンとヘモグロビン

6・1　ミオグロビンの酸素結合

ミオグロビンは筋肉組織にあって酸素を貯えるタンパク質である．マグロの赤身の肉の色はミオグロビンによる．ミオグロビンの酸素結合曲線は図6・3の曲線aに示すように，**双曲線型**になっている．

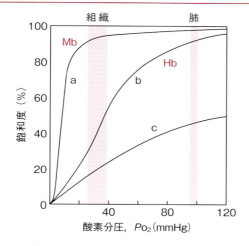

図 6·3　ヘモグロビンとミオグロビンの酸素結合曲線
　a：Mb（ミオグロビン）およびヘモグロビンの高親和性の状態
　b：Hb（ヘモグロビン），低親和性から高親和性への転移が見られる
　c：ヘモグロビンの低親和性の状態

この結合曲線は以下のように説明できる．
ミオグロビン 1 分子には 1 分子の酸素が結合する：

$$\mathrm{Mb} + \mathrm{O_2} \longrightarrow \mathrm{MbO_2} \tag{6-1}$$

平衡定数[*6-1]（結合定数）を K とすると，全体のどれだけの割合のミオグロビンが酸素を結合したかという，飽和度 $\bar{v}$（飽和関数ともよばれる）は，

$$\bar{v} = \frac{K[\mathrm{O_2}]}{1 + K[\mathrm{O_2}]} \tag{6-2}$$

と表される．これは，双曲線を表していて，確かに図 6·3 のミオグロビンの曲線 a と同じ形である（$y = \bar{v}$，$x = K[\mathrm{O_2}]$ とおくと，$y = 1 - 1/(1+x)$ になることに注意）．次にヘモグロビンはどうだろうか．

＊6-1　この場合，平衡定数というと，普通 結合定数を表すが，解離定数，つまり結合定数の逆数を意味することもある．そこで，意味をはっきりさせたいときには結合定数または解離定数と書くようにする．

6·2　ヘモグロビンの酸素結合

ある酸素分圧において，ヘモグロビン分子が結合できる酸素分子数のうち，どれだけの割合の酸素分子を結合しているか（酸素飽和度）を酸素分圧（濃度）に対してプロットしたもの，すなわち結合曲線が図 6·3 の曲線 b である．

ミオグロビンの酸素結合曲線が双曲線を描いているのに対して，ヘモグロビンの吸着曲線は**シグモイド型（S 字形）**を示している．つまり，ヘモグロビンは酸素濃度の低い状態ではミオグロビンより酸素を吸着しにくいが，酸素濃度が上がるにつれて急に酸素親和性を増し，ミオグロビンの曲線に近づく．これ

は，ヘモグロビンの機能にとって大変都合がよい．

　図6・3の肺での酸素分圧と末梢組織での酸素分圧を比べると，ヘモグロビンは肺で結合する酸素の約40％を末梢組織で放出する，ということがわかる．思ったより少ない，と思われるかも知れないが，ミオグロビンと比較すればその違いは明らかである．ミオグロビンがヘモグロビンの替わりに酸素を運搬すると，結合能力の数％しか酸素を放すことができない．

　実は，ヘモグロビンの結合曲線は，ヘモグロビンを精製して試験管内で測定するともっとミオグロビンに近く，酸素吸着能力が高いのだが，赤血球内に存在する，2,3-ビスホスホグリセリン酸が結合しているために酸素への親和性が少し下がって，吸着曲線が少し右側にシフトしている．2,3-ビスホスホグリセリン酸は解糖系の中間体である1,3-ビスホスホグリセリン酸（8章）から作られる．これも，ヘモグロビンが少しでもたくさんの酸素分子を末梢組織で放すことができるために都合がよいのである．

　ここで，もう一度 図6・3の曲線cを見てほしい．ヘモグロビンは酸素分圧（酸素濃度）が低いところでは酸素の結合力が低い．その低い結合力の状態のままだと，酸素分圧が増すにつれて酸素飽和度は曲線cの様に増加する．これは曲線aと同じく双曲線だが，これでは肺における酸素分圧でも酸素は飽和に達しない．実際のヘモグロビンでは酸素分圧が40 mmHg辺りで急激に上昇する．すなわち，曲線cから曲線aに飛び移る．

　このように，リガンド（この場合 酸素）が狭いリガンド濃度範囲で急激に結合するとき，この結合には「協同性がある」という．この協同性はヘモグロビンがミオグロビンのように単独のポリペプチド鎖からなるのではなくて，複数（この場合4つ）のサブユニットからなるために可能なのである．4つのサブユニットははじめ酸素に対して低い親和性（T）をもっているが，酸素分子が1つのサブユニットに結合すると，構造変化が別のサブユニットの構造に影響を与え，他のサブユニットを酸素に対していっせいに高親和性（R）にする（図6・4）．

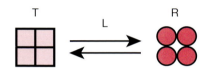

図6・4　1つまたは2つの酸素分子の結合で，サブユニット分子がいっせいに構造を変える

　このような協同的な結合を説明するモデルとしてよく知られているのが協奏モデル（MWCモデル）である．モノー・ワイマン・シャンジューの3人

は 1965 年，解糖系の酵素ホスホフルクトキナーゼ（図 7・8 および図 8・1 参照）の反応初速度が基質濃度に対して，ヘモグロビンと同じような S 字形（シグモイド）の曲線を描くことを説明するために，図 6・4 のような協奏モデル（MWC モデル）を提案した．このモデルをヘモグロビンにあてはめると，(6-2) 式に対応して次式が得られる．

$$\bar{v} = 4k_R [O_2] \frac{(1 + k_R [O_2])^3 + Lc\,(1 + ck_R [O_2])^3}{(1 + k_R [O_2])^4 + L\,(1 + ck_R [O_2])^4} \tag{6-3}$$

ここで k_R は R 状態のサブユニットへの結合定数，L は T 状態と R 状態の平衡定数（$L = [T]/[R]$），$c\,(= k_T/k_R)$ は T 状態への O_2 の結合定数 k_T と R 状態への結合定数 k_R の比である（練習問題 (5) を参照）．

ヘモグロビンの場合には酸素の結合した状態と，していない状態について詳細な構造が X 線結晶解析によって明らかにされていて，構造変化の仕組みが詳細に解明されている．

この低親和性と高親和性の間の構造の違いは微妙なもので，各サブユニットの形はほとんど変わらないように見えるが，結果としてサブユニットの相対的配置は比較的大きく変化する．

さて，逆に酸素分圧が低くなって酸素分子がヘムからはずれると，逆のコースをたどって再び酸素親和性の低い状態に戻る．酸素を離脱したヘモグロビンは細胞から排泄される二酸化炭素（炭酸イオン）を結合し，静脈流に乗って再び心臓を経て肺に戻り，肺で二酸化炭素を放して再び酸素を結合する．

二酸化炭素（炭酸イオン）はヘモグロビンの α, β 両サブユニットの N 末端のアミノ基に，カルバミノ基（-NH-COO$^-$）の形で結合するが，CO_2 はデオキシヘモグロビンを安定化するので，ヘモグロビンはさらに酸素を放しやすくなる．

$$\text{Hb-NH}_3^+ \longrightarrow \text{Hb-NH}_2 + \text{H}^+ \xrightarrow{CO_2} \text{Hb-NH-COO}^- + 2\text{H}^+ \tag{6-4}$$

6・3　異常ヘモグロビン

ヘモグロビンに関係した病気は数多く知られていて，それらの患者から多くの異常ヘモグロビンが見いだされている．これらは，α または β サブユニット内のアミノ酸がほかのアミノ酸に置換したもので，表 6・1 にそれらのいくつかを載せてある．

これらのアミノ酸置換のうち，最初に発見されたのは**鎌状赤血球貧血症**の原因となる**ヘモグロビン S** である．ヘモグロビン S は β 鎖の 6 番目のグルタミ

表 6・1 異常ヘモグロビンの例

サブユニット	変異によるアミノ酸置換	名　称
α	Glu 30→Gln	G（ホノルル）
α	His 58→Tyr	M（ボストン）
α	His 87→Tyr	M（イワテ）
β	Glu 6→Val	S（鎌状赤血球貧血症）
β	Glu 26→Lys	E
β	Val 67→Glu	M（ミルウォーキー）
β	Asn 102→Thr	カンザス
β	Glu 121→Gln	D（パンジャブ）
β	His 146→Asp	ヒロシマ

ン酸がバリンに置き換わったものである．この変異をもつヘモグロビンは酸素濃度が低くなると溶解度が低くなって，繊維状の集合体を形成する．正常な赤血球は円盤の中央部を少し押しつぶしたような形をしているが，この繊維状集

★　アロステリーについて　★

「アロステリック酵素」，「アロステリックタンパク質」の「アロ」は"異なる"，「ステリック」は"立体的"，という意味なので，文字通りには"立体的に異なる"という意味になる．その名詞形が「アロステリー」である．

アロステリーは主に2つの意味で用いられる．

1つは，基質とは構造がまったく異なる化合物によって酵素の活性が制御される場合である．アスパラギン酸カルバモイルトランスフェラーゼは典型的なアロステリック酵素で，$(c3)_2 (r2)_3$ というサブユニット構造をもっている．c は触媒能をもち，r は触媒を制御する機能をもつ．この酵素は，ピリミジン生合成系の初めのステップでカルバモイルリン酸と L-アスパラギン酸から N-カルバモイル-L-アスパラギン酸と正リン酸を生成する酵素であるが，その触媒活性は最終産物であるCTPによってフィードバック制御を受けている．この例のように，代謝系を効率よく制御するためには，目的の最終産物が必要量合成できたら，すぐにできるだけ合成系の初期のステップを抑えるのがよい．そうすれば，無駄なエネルギーを最小限に抑えることができる．

もう1つの「アロステリー」は，協同的な基質またはリガンドの結合を示す酵素に見られる．この場合の「アロステリー」は，基質またはリガンドの結合が，別のサブユニットの結合親和性に影響を与えることを指している．上記のアスパラギン酸カルバモイルトランスフェラーゼは，酵素活性がアスパラギン酸の濃度に対してS字形（シグモイド）になり，この意味でもアロステリック酵素である．

上の例のように，アロステリックな相互作用を示す酵素やタンパク質は複数のサブユニットまたはドメインをもっている．

合体形成のために赤血球は三日月のような形になり，鎌の刃の部分に似ているということで鎌状赤血球とよばれる．この状態の赤血球は柔軟性を失い，細い毛細血管の中を通り抜けられなくなり，その結果，貧血を起こすことになる．

　このヘモグロビン S の遺伝子を片親からだけ受け継いだ保因者（ヘテロ接合体）は一般に無症状だが，患者（ホモ接合体）は重篤な貧血症状を起こし，種々の臓器障害を起こす．この患者はアフリカ熱帯地方に多い．その理由は，鎌状赤血球貧血症の保因者がマラリアに抵抗性があるためである．

　異常ヘモグロビンは鎌状赤血球貧血症のほかにも，α サラセミア（α 鎖が欠損または不足している）や β サラセミア（β 鎖の欠損または不足），またアミノ酸置換の影響で酸素結合の協同性がなくなってしまったものなどいろいろある．

練習問題

(1) もしもミオグロビンがヘモグロビンの代わりに酸素を運ぶ役割を果たすとすると，末梢組織では肺で結合した酸素の何％が放出されるか．図 6·3a に基づいて見積もりなさい．

(2) ヘモグロビンは，右図のように pH の変化によって結合曲線がシフトする．このような性質の生理学的意義は何か．

(3) 肺におけるカルボニックアンヒドラーゼの役割は何か．

(4) (6-2) 式が成り立つことを示せ．

(5) (6-3) 式は，$x = k_R [O_2]$ とおくと，

$$\bar{v} = 4x \frac{(1+x)^3 + Lc(1+cx)^3}{(1+x)^4 + L(1+cx)^4}$$

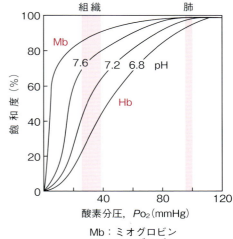

Mb：ミオグロビン
Hb：ヘモグロビン

となる．

　a) $x \to 0$ で $\bar{v} \to 0$ となることを示せ．また，$x \to \infty$ で $\bar{v} \to 4$ となることを示せ．

　b) $L = 1000$（[T] が [R] より 1000 倍大きい）とし，$c = 0$, $c = 0.04$, $c = 0.1$ のそれぞれの場合につき，x を 0 から 25 まで変化させて $\bar{v}$ を x に対してプロットしなさい．グラフから，c すなわち k_T/k_R が O_2 の結合の協同性に与える効果について考察せよ．

7. 酵　素

　細胞内では常に何百もの反応が進行しているが，そのそれぞれの反応が酵素によって触媒されている．本章ではこのように生体内の種々の化学反応を促進している酵素について考える．

7・1　酵素とは何か

　細胞内で起こる多くの反応は，37℃の水中という条件では酵素なしには進行しない反応である．次章で学ぶ「代謝」は，生体外から物質を取り入れて，それを生体に必要な物質に変換したり，取り入れた物質からATPの形でエネルギーを生産したりする現象である．酵素はこれらの生体内反応を円滑に進めるために働いている．

　古代からビールやワインの発酵現象は知られていたし，パンの製造にも発酵が必要であることは知られていた．1792年になるとイタリアの博物学者スパランツァーニ（Lazzaro Spallanzani）が，ひもで縛った肉片を犬に飲み込ませてしばらくして引っぱり出してみると，肉がどろどろに溶けていたという記述を残している．胃の消化作用の発見である．

　酵素の英語名であるエンザイム（enzyme）は1878年にドイツの生理学者キューネ（Wilhelm Kühne）によって名づけられたもので，「酵母の中」という意味である．しかし，これらの現象を担っている酵素がタンパク質であることがわかったのは，さらに後のことで，1926年にウレアーゼが初めて結晶化されてからである．

　酵素は生体内の触媒である．触媒は，反応を促進するが，反応の前後で変化することはなく，何度でも反応に利用される．今，$A \rightleftarrows B$ という反応を考えると，触媒はAからBへの反応と，逆反応のBからAへの反応を両方促進するが，平衡をずらすことはない．これをもう少し正確に言うと，$A \rightarrow B$ の反応速度を k_f，$B \rightarrow A$ の反応速度を k_r とすると，酵素の存在によって k_f，k_r いずれも

（写真提供：ピクスタ）

大きくなるが，その比 k_f/k_r，すなわち**平衡定数** K は変化しない．

図7・1 では，酵素は ΔG は変化させないが，$\Delta G^{\ddagger}$ を小さくすることに対応する．このことは，通常 A → B という反応を触媒する酵素も，B の濃度を十分高くしてやれば，逆に B → A も触媒することを意味している．

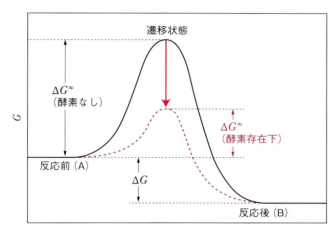

図7・1 酵素反応の自由エネルギー

* 7-1 G は自由エネルギー．ΔG は基質 A と産物 B の自由エネルギーの差．$\Delta G^{\ddagger}$ は反応を進行するために越えなければならないエネルギー障壁を表す．酵素の存在によってエネルギー障壁 $\Delta G^{\ddagger}$ が低くなっていることに注意．遷移状態の構造については図7・7（p.87）参照（キモトリプシンの反応における第1遷移状態［＝ペプチド結合のゆがんだ四面体構造］）．

7・2 酵素の反応速度論

酵素の反応速度を調べることは，どういう条件でどれだけ待てば反応が完了するかという，実用的な意味で重要であるばかりでなく，反応速度をいろいろな条件で調べることによって，反応の機構を理解するという点から重要である．

酵素反応は，多くの場合，以下のような反応で進行すると考えてよいことが多い．すなわち，酵素 E はまず基質 S と結合し，ES 複合体を形成する（この反応の速度定数を k_{+1}，その逆反応の速度定数を k_{-1} とする）．基質 S は ES 複合体の形で酵素上で反応し，産物 P となり，酵素 E から離れる（この反応の速度定数を k_2 とする）．

$$\mathrm{E + S} \underset{k_{-1}}{\overset{k_{+1}}{\rightleftarrows}} \mathrm{ES} \overset{k_2}{\longrightarrow} \mathrm{E + P} \tag{7-1}$$

この反応で，ES 複合体ができるところは産物 P が生じる段階に比べると大変速いことが多い．つまり，$k_{+1}[\mathrm{E}]\cdot[\mathrm{S}]$ や $k_{-1}[\mathrm{ES}]$ に比べると，$k_2[\mathrm{ES}]$ はずっと小さい．このようなとき，k_2 のステップは**律速段階**であるという．k_2 はしばしば k_{cat} と書かれるので，以下 k_{cat} を用いることにする．

この条件が成り立つと，基質と酵素を混ぜたごく初期の段階を除いて，比較的長い時間にわたって，ES 複合体の濃度は一定になっている状態が実現さ

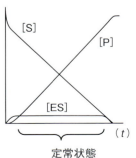

定常状態
（ごく初期および最終段階を除いて［ES］は一定と見なせる）

れる．この状態では ES 複合体の形成の速度と，分解の速度，すなわち ES が E＋S に戻る反応と P が生成する速度の和が等しくなる．この仮定を**定常状態近似**という．すなわち，（$k_2 = k_{cat}$ とおいて）

$$\frac{d[\mathrm{ES}]}{dt} = k_{+1}[\mathrm{E}][\mathrm{S}] - k_{cat}[\mathrm{ES}] - k_{-1}[\mathrm{ES}] = 0 \tag{7-2}$$

また，全酵素濃度 $[\mathrm{E}]_0$ は，遊離酵素の濃度 $[\mathrm{E}]$ と酵素基質複合体の濃度 $[\mathrm{ES}]$ の和なので，

$$[\mathrm{E}]_0 = [\mathrm{E}] + [\mathrm{ES}] \tag{7-3}$$

(7-2) 式と (7-3) 式から $[\mathrm{E}]$ を消去して，

$$[\mathrm{ES}] = \frac{[\mathrm{E}]_0 [\mathrm{S}]}{(k_{cat} + k_{-1})/k_{+1} + [\mathrm{S}]} \tag{7-4}$$

この $[\mathrm{ES}]$ を用いて，反応速度は $v = k_{cat}[\mathrm{ES}]$ とかける．この v は定常状態近似が成り立つ時間内では一定になり，**初速度**とよばれる．すなわち，

$$\boxed{v = \frac{k_{cat}[\mathrm{E}]_0 [\mathrm{S}]}{K_m + [\mathrm{S}]}} \tag{7-5}$$

ここで，

$$K_m = \frac{k_{cat} + k_{-1}}{k_{+1}} \tag{7-6}$$

(7-5) は**ミカエリス - メンテン**（Michaelis-Menten）**の式**とよばれ，K_m はミカエリス定数とよばれる．K_m は，厳密な意味での解離定数ではないが，$k_{cat} \ll k_{-1}$ のときには酵素基質複合体 ES の解離定数 K_S に等しくなり，酵素学では K_m を基質への親和性（の逆数）の指標として用いている．

$$K_S = k_{-1}/k_{+1} \tag{7-7}$$

(7-5) 式からわかるように，反応速度は基質濃度が高いほど速い．$[\mathrm{S}]$ が K_m よりずっと大きいと，v は最大速度 $V_{max}(= k_{cat}[\mathrm{E}]_0)$ に近づく．この V_{max} を使って，(7-5) 式は

$$\boxed{v = \frac{V_{max}[\mathrm{S}]}{K_m + [\mathrm{S}]}} \tag{7-8}$$

となる．

(7-8) 式からわかるように，基質の濃度 $[\mathrm{S}]$ が K_m に等しいと，

$$v = \frac{1}{2} V_{\max}$$

すなわち，[S] = K_m なら，反応速度は最大速度の 2 分の 1 である（図 7・2）．
(7-8) の両辺の逆数を取って，

$$\frac{1}{v} = \frac{1}{V_{\max}} + \frac{K_m}{V_{\max}[S]} \tag{7-9}$$

を得る．したがって，$1/v$ を $1/[S]$ に対してプロットすれば，直線が得られ，y 切片は $1/V_{\max}$，x 切片は $-1/K_m$ を与えるので，K_m と $V_{\max}$ が求められる．このプロットを**両逆数プロット**，または**ラインウィーバー‐バークプロット**とよぶ（図 7・3）．$V_{\max} = k_{cat}[E]_0$ なので，$[E]_0$ が既知ならば，k_{cat} が求まる．

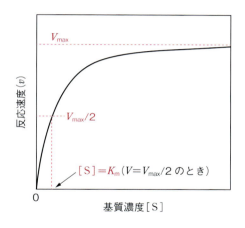

図 7・2　酵素反応の速度
ミカエリス‐メンテンの式より

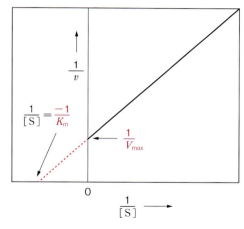

図 7・3　ラインウィーバー‐バークプロット
（両逆数プロット）

k_{cat} は**分子活性**，または**ターンオーバー数**ともよばれ，1 つの活性部位が，単位時間（秒）あたり，最大何分子の産物を生成するかを表している．この値は酵素によって大きな違いがあり，カタラーゼはとくに大きいことで知られる（表 7・1）．

酵素の活性を比較するときには，しばしば k_{cat}/K_m が用いられる．k_{cat}/K_m は (7-5) 式からわかるように，[S] ≪ K_m のときの二次速度定数になっている．定性的には，酵素反応は k_{cat} が大きいほど速く，K_m は小さいほどよいので，その比が酵素の反応の効率を表すことになる．

* 7-2　(7-5) 式より
[S] ≪ K_m なら
$$v ≒ \frac{k_{cat}}{K_m}[E]_0[S]$$
となり，v は k_{cat}/K_m を速度定数とする ES 複合体形成の二次反応の速度と見なせる．

表 7·1　酵素のターンオーバー数の例

酵素	ターンオーバー数 (sec^{-1})	酵素	ターンオーバー数 (sec^{-1})
パパイン	10	フマラーゼ	10^3
カルボキシペプチダーゼ	10^2	デヒドロゲナーゼ類	10^3
リボヌクレアーゼ	10^2	トランスアミナーゼ類	10^3
アルドラーゼ	10^2	キナーゼ類	10^3
エノラーゼ	10^2	ウレアーゼ	10^4
キモトリプシン	$10^2 \sim 10^3$	カルボニックアンヒドラーゼ	$10^4 \sim 10^5$
トリプシン	$10^2 \sim 10^3$	カタラーゼ	10^7
アセチルコリンエステラーゼ	10^3		

7·3　補因子

酵素などに結合して，機能発現に関与する低分子を**補因子**とよぶが，金属原子以外の有機分子は**補欠分子族**（prosthetic group）とよばれる．その中でとくに酵素に可逆的に結合し，酵素活性に必須のものを**補酵素**または助酵素という．

NAD^+ や FAD はクエン酸回路の酵素で補酵素として機能している．たとえば，NAD^+ はイソクエン酸脱水素酵素やリンゴ酸脱水素酵素など，FAD はコハク酸脱水素酵素の補酵素である．

金属を結合するタンパク質は多数知られている．カルボキシペプチダーゼAには Zn^{2+} が結合し，酵素活性に必要である．ほかにも金属イオンを結合している酵素は多いが，酵素活性に直接関与しているかどうかは明らかでない場合が多い．構造を安定化していると考えられるものもあるからである．

酸素を運搬するヘモグロビンやシトクロムにはヘムが配位している（ヘモグロビンは酵素ではないが，O_2 の可逆的結合を行い，ヘムはシトクロムと同様，活性部位そのものを構成している）．

7·4　酵素反応の阻害

多くの酵素では，反応を阻害する物質が存在することが知られている．反応を阻害する物質は**阻害剤**とよばれる．阻害剤には，酵素に可逆的に結合する可逆的阻害剤と，共有結合で不可逆的に結合する不可逆的阻害剤がある．

阻害剤の中には酵素に高い特異性で結合するものがあり，酵素の活性部位の構造や反応機構を調べる重要な手がかりを与えることがある．可逆的阻害剤には，**競争的阻害剤**，**非競争的阻害剤**，**反競争的阻害剤**の3種類が知られている．

7・4・1 競争的阻害

競争的阻害剤は,酵素の活性部位に基質と競争的(拮抗的)に結合することによって阻害する.すなわち,(7-10)式のような反応式になる.

$$\begin{array}{c} \text{E} + \text{S} \underset{k_{-1}}{\overset{k_{+1}}{\rightleftharpoons}} \text{ES} \overset{k_{cat}}{\longrightarrow} \text{E} + \text{P} \\ + \\ \text{I} \\ K_I \updownarrow \\ \text{EI} \end{array} \quad (7\text{-}10)$$

この阻害機構では,EI 複合体には基質は結合できない.上記の反応式に定常状態近似を用いると,

$$[E]_0 = [ES] + [EI] + [E] \quad (7\text{-}11)$$
$$v = k_{cat}[ES] \quad (7\text{-}12)$$
$$d[ES]/dt = 0 \quad (7\text{-}13)$$

となるので,(7-11)〜(7-13) から [E] を消去して,

$$\boxed{v = \frac{V_{max}[S]}{K_m(1 + [I]/K_I) + [S]}} \quad (7\text{-}14)$$

* 7-3 競争的阻害の例.コハク酸デヒドロゲナーゼ(脱水素酵素,p.98 図 8・3 参照)はコハク酸を基質としてフマル酸を生成するが,マロン酸は同酵素に競争的に結合して活性を阻害する.

コハク酸
HOOC-CH₂-COOH (structure)

→ フマル酸

マロン酸
HOOC-CH₂-COOH

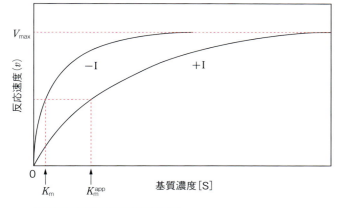
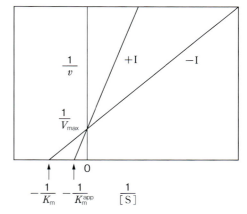
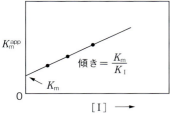

図 7・4 競争的阻害
K_m^{app} は阻害剤存在下での K_m の値で,酵素の真の K_m と区別するために K_m^{app} (app は apparent で「みかけの」を意味する)と記してある.

ここで，$K_m = (k_{cat} + k_{-1})/k_{+1}$

$$\frac{1}{v} = \frac{K_m}{V_{max}}(1 + \frac{[I]}{K_I})\frac{1}{[S]} + \frac{1}{V_{max}} \tag{7-15}$$

阻害剤の濃度を変えて両逆数プロットを行うと，図7・4のようになる．この場合にはy切片を共有する直線になり，[I] = 0 の場合からV_{max}とK_mが得られ，[I]の値からK_Iが求まる．

7・4・2 非競争的阻害

この場合には阻害剤は活性部位とは別の部位に結合する．したがって，基質は阻害剤が結合しても結合するが，酵素活性はない．

$$\begin{array}{ccccccc}
E & + & S & \underset{k_{-1}}{\overset{k_{+1}}{\rightleftarrows}} & ES & \overset{k_{cat}}{\longrightarrow} & E + P \\
+ & & & & + & & \\
I & & & & I & & \\
K_I \updownarrow & & & & \updownarrow K_I & & \\
EI & + & S & \underset{k_{-1}}{\overset{k_{+1}}{\rightleftarrows}} & ESI & & \\
\end{array} \tag{7-16}$$

$$[E]_0 = [ES] + [EI] + [ESI] + [E] \tag{7-17}$$
$$v = k_{cat}[ES] \tag{7-18}$$
$$d[ES]/dt = 0 \tag{7-19}$$

となるので，(7-17)～(7-19)から[E]を消去して，

$$v = \frac{V_{max}[S]}{(K_m + [S])(1 + [I]/K_I)}$$

を得る．ここで，$K_m = (k_{cat} + k_{-1})/k_{+1}$

$$\frac{1}{v} = \frac{K_m}{V_{max}}(1 + \frac{[I]}{K_I})\frac{1}{[S]} + \frac{1}{V_{max}}(1 + \frac{[I]}{K_I})$$

阻害剤濃度を変えて両逆数プロットを行うと，図7・5のようになり，x切片

* 7-4 BPTI（ウシ膵臓トリプシンインヒビター）はトリプシンのタンパク質（分子量6866）性阻害剤で解離定数は10^{-13} Mと非常に低く，ほぼ不可逆的にトリプシンの活性を阻害する．（トリプシンは図7・7のキモトリプシンと同じセリンプロテアーゼ）．

が共通で，y 切片の異なる一連の直線を与える．y 切片は

$$(1/V_{\max})(1 + [\mathrm{I}]/K_{\mathrm{I}})$$

となる．

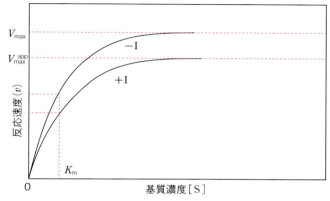

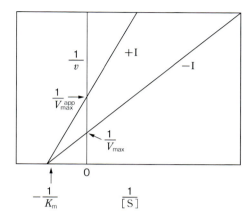

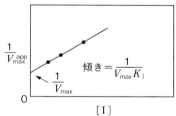

図 7・5　非競争的阻害

7・4・3　反競争的阻害

この場合には阻害剤は ES 複合体とだけ結合する．

$$\mathrm{E} + \mathrm{S} \underset{k_{-1}}{\overset{k_{+1}}{\rightleftarrows}} \mathrm{ES} \overset{k_{\mathrm{cat}}}{\longrightarrow} \mathrm{E} + \mathrm{P} \quad (7\text{-}20)$$
$$+$$
$$\mathrm{I}$$
$$\updownarrow K_{\mathrm{I}}$$
$$\mathrm{ESI}$$

$$[\mathrm{E}]_0 = [\mathrm{ES}] + [\mathrm{ESI}] + [\mathrm{E}] \quad (7\text{-}21)$$
$$v = k_{\mathrm{cat}}[\mathrm{ES}] \quad (7\text{-}22)$$
$$d[\mathrm{ES}]/dt = 0 \quad (7\text{-}23)$$

となる．(7-21) 〜 (7-23) から [E] を消去して，

$$\boxed{v = \frac{k_{\mathrm{cat}}[\mathrm{E}]_0 [\mathrm{S}]}{K_{\mathrm{m}} + [\mathrm{S}](1 + [\mathrm{I}]/K_{\mathrm{I}})}} \quad (7\text{-}24)$$

ここで，$K_m = (k_{cat} + k_{-1})/k_{+1}$

$$\frac{1}{v} = \frac{K_m}{V_{max}}\frac{1}{[S]} + \frac{1}{V_{max}}\left(1 + \frac{[I]}{K_I}\right) \tag{7-25}$$

阻害剤濃度を変えて測定すると，この場合には各阻害剤濃度で傾き一定で y 切片の異なる直線を与える（図7・6）．

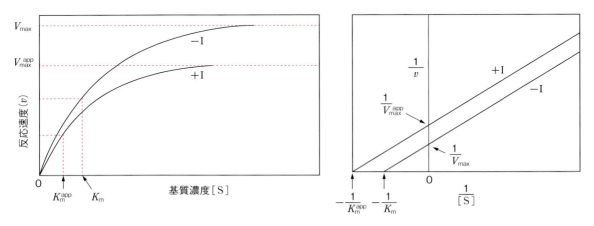

図7・6　反競争的阻害

* 7-5　**不可逆的阻害剤**　酵素に共有結合で結合して失活させる阻害剤も多数知られている．PMSF（フッ化メチルスルホニル）はセリンプロテアーゼの活性部位のセリンの OH 基に共有結合で結合して活性を不可逆的に阻害する．

7・5　酵素反応の機構

酵素の例としてセリンプロテアーゼ（2章，p.22 参照）の1つ**キモトリプシン**を取り上げ，活性部位の原子構造をもとにして反応機構を調べてみる（図7・7）．先にも述べたが，キモトリプシンは主として芳香族アミノ酸の C 末端側で切断するエンドペプチダーゼである．

キモトリプシンの活性部位には3つの重要な残基があって三つ組（トライアド）とよばれている．すなわち，Ser 195（195番目のセリン残基の意味），His 57, Asp 102 である．活性部位に隣接して，疎水性ポケットとよばれる基質認識部位がある．

酵素は疎水性ポケットで芳香族アミノ酸残基（図ではフェニルアラニン）を認識して非共有結合で基質のタンパク質を結合する．すると，セリンの水素原子がヒスチジンに渡され，酸素原子は基質のカルボニルの炭素原子と結合し，もともと平面構造を取っていたペプチド結合をゆがめて四面体構造を取らせ，遷移状態を形成する．その結果，ペプチド結合は切断されて C 端側ペプチド

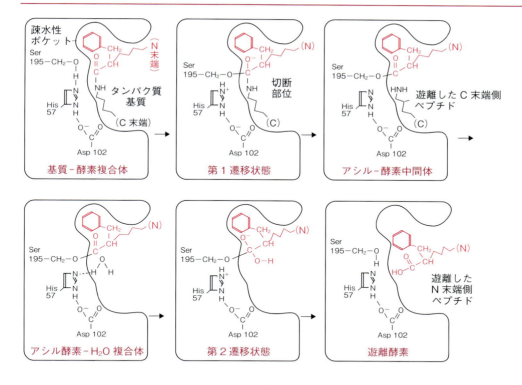

図 7·7 キモトリプシンの活性部位

は遊離し，N 末端側ペプチドはセリンに結合してアシル酵素が生成する．

これまでがアシル化段階，以降が脱アシル化段階で，脱離した C 端側ペプチドに変わってヒスチジンに水分子が結合し，水素原子をヒスチジンに渡すと共に OH^- を N 端側ペプチドに転移して同ペプチドを遊離させる．こうしてポリペプチドの切断を完了する．アスパラギン酸は一貫して負の電荷によってイミダゾール環の水素原子の付加を安定化していると考えられる．

アセチルコリンエステラーゼは，神経のシナプス後部で，放出後 不要になる神経伝達物質アセチルコリンを速やかに分解する役目を担った酵素で，これもセリン酵素である．サリン（右図）はアセチルコリンエステラーゼの強力な阻害剤であり，第二次大戦中に化学兵器として開発された．1995 年の「地下鉄サリン事件」でサリンが使用されたことはよく知られている．

酵素は基質を素早く結合させる（大きな k_{+1} または小さな K_m）ことも大事であるが，酵素反応が効率よく行われるためには生成した産物を素早く放さなければならない（大きな k_{cat}）．酵素の効率の目安として，しばしば k_{cat}/K_m の値が用いられるのはこのためである．

7·6 アロステリック酵素

アロステリー（6章 p.76）の性質を担う酵素についてホスホフルクトキナーゼを例に取って構造上の特徴を見てみよう．

ホスホフルクトキナーゼの構造を図7·8に模式的に示してある．ここでは見やすくするために四量体の中の二量体のみを示してある．ホスホフルクトキナーゼは解糖系の鍵となる酵素で，フルクトース 6-リン酸に ATP のリン酸を転移する（8·1節参照）．ATP の生産が必要なときには酵素活性が促進され，必要でないときには酵素活性が抑制されてグリコーゲンなど，栄養貯蔵物質が無駄に使われないようになっている．

この酵素は同一サブユニットからなる四量体の酵素で，アロステリック酵素の中では最も小さなものである．図7·8に示してあるように，ホスホフルクトキナーゼには基質の ATP 結合部位以外に別の ATP 結合部位があり，ここに ATP が結合すると酵素活性の低い状態になる．クエン酸の結合も酵素活性の低い状態（ヘモグロビンのT状態［図6·4参照］に対応する）を安定化する．逆に，ADP，AMP が結合すると酵素活性の高い状態に平衡をずらす．図ではADP が結合しており，この構造はヘモグロビンのR状態に対応する．細胞の中では，ANP の濃度すなわち，[AMP] + [ADP] + [ATP] の全濃度はほとんど一定になっているので，ATP 濃度が低いときには AMP や ADP の濃度が高く，逆に ATP 濃度が高いときには AMP や ADP の濃度は低い．

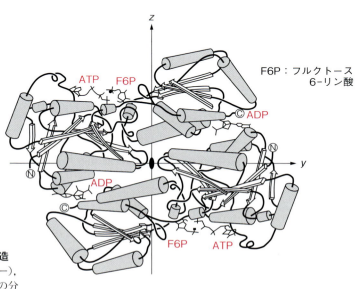

図 7·8　ホスホフルクトキナーゼの構造　ATP（基質），ADP（エフェクター），F6P（基質）は構造と共にそれぞれの分子の結合部位を示してある．

7・7　プロセッシングによる酵素の活性化

酵素の中には活性のない状態で合成され，必要な場所で必要なときにポリペプチドの一部を切り落とすことによって活性を発現するものがある．

たとえば，トリプシンは膵臓で合成される消化酵素であるが，合成された状態で酵素活性をもっていると，同じ膵臓で合成されるリボヌクレアーゼやホルモン類を失活させる可能性があるばかりでなく，細胞自体にも傷害を与える可能性がある．

そこで，トリプシンはまず，トリプシノーゲンという形で生合成される．実際にはそれよりさらに長いプレトリプシノーゲンとして生合成され，細胞膜を通過するときに，シグナルペプチド（図11・20，p.146参照）が切断された後，トリプシノーゲンとして分泌される．トリプシノーゲンは十二指腸に分泌された後，エンテロキナーゼの作用でさらに6アミノ酸残基のペプチドがN末端から切り離されて活性化される．これらの生合成後の限定加水分解による活性化を**プロセッシング**とよんでいる．キモトリプシン，ペプシンもそれぞれ前駆体として合成され，プロセッシングによって活性化される．

7・8　酵素の種類

酵素は反応特異性によって，6つのグループに大別される．

①**酸化還元酵素（オキシドレダクターゼ）**

酸化還元を触媒する酵素で，デヒドロゲナーゼ（脱水素酵素），オキシダーゼ（酸化酵素），オキシゲナーゼ（酸素添加酵素），レダクターゼ（還元酵素）などがある．

たとえば，アルコールデヒドロゲナーゼは，エタノールをアセトアルデヒドに変換する酵素で，正式にはアルコール：NAD^+オキシドレダクターゼとよばれる．

②**転移酵素（トランスフェラーゼ）**

メチル基，アミノ基などの原子団を1つの化合物から他の化合物に転移する反応を触媒する酵素．キナーゼ（ATPを使ってリン酸化する酵素），アミノトランスフェラーゼ，ムターゼ（分子内転移酵素）などがあり，DNAポリメラーゼ，RNAポリメラーゼもこれに含まれる．

たとえば，アスパラギン酸アミノトランスフェラーゼは，L-アスパラギン酸のアミノ基を2-オキソグルタル酸に転移して，これをL-グルタミン酸にする酵素で，アスパラギン酸はオキサロ酢酸になる．

③加水分解酵素（ヒドロラーゼ）

加水分解反応を触媒する酵素群で，エステラーゼ，ペプチダーゼ，グリコシダーゼなどがあり，いわゆる制限酵素やリゾチームもこれに含まれる．

たとえば，トリプシンはタンパク質のアルギニンおよびリシンのC末端側を特異的に切断する酵素である．

④脱離酵素（リアーゼ）

非加水分解的に基質から原子団を除去する反応およびその逆反応を触媒する酵素群で，デカルボキシラーゼ，デヒドラターゼ（脱水酵素）などがある．

たとえば，ホスホエノールピルビン酸カルボキシラーゼ（ホスホエノールピルビン酸カルボキシキナーゼ）は糖新生の第一段階の酵素で（8章参照），ホスホエノールピルビン酸の高エネルギー結合のリン酸をGDPに転移してGTPを生成すると共に，炭酸イオンを結合してオキサロ酢酸と無機リン酸を生成する．

⑤異性化酵素（イソメラーゼ）

異性体間の相互変換を触媒する酵素群で，ラセマーゼ，エピメラーゼ（糖のエピマーを生成），ムターゼなどがある．

たとえば，アルドース 1-エピメラーゼはグルコースやガラクトースの α 型と β 型間の変換を触媒する．

⑥リガーゼまたは合成酵素（シンテターゼ）

ATP，GTPなど高エネルギーリン酸化合物のピロリン酸結合の切断反応と共役して，2種類の基質の縮合反応を触媒する酵素群で，アミノアシル tRNA 合成酵素，ペプチドシンテターゼ，DNA リガーゼなどがある．

たとえば，DNA リガーゼは1つの DNA 断片の3′の OH と，もう一方の断片の5′リン酸をホスホジエステル結合で架橋するが，単純に架橋を作るのではなくて，まず NAD からの AMP を5′末端に転移させて活性化した後，ホスホジエステル結合を形成して AMP を遊離するという反応を行う．

上記の6つの酵素群に対して，酵素番号（EC番号）がつけられていて，酵素番号で酵素の活性がわかるようになっている．酵素番号は E. C. 1. 1. 1. 1. のように4桁の番号からなっており，最初の番号が上記6つの分類に相当している．たとえば，アルコールデヒドロゲナーゼ（E. C. 1. 1. 1. 1.）の最初の1は酸化還元酵素を，2番目の1は -CHOH を水素供与体として利用するもの，3番目の1は NAD^+ または $NADP^+$ を補酵素として利用する酵素，最後の1はその中の1番目であることを意味する．

このように，酵素番号から酵素活性がわかる仕組みになっている．

★　血液凝固系　★

けがをして血が出たときに，しばらく出血したところをガーゼなどで抑えていると，血が止まる．これは，血漿中のフィブリノーゲンが繊維状のフィブリンに転換してフィブリン網を形成し，固まりを生じるためである．この一見簡単な血液凝固という現象の裏には，多くの種類のタンパク質の関与した複雑な反応が隠されている．血液凝固は必要なところでのみ起こるように，注意深く制御されていないとかえって生命が危険にさらされるからである．

まず，破れた体内の毛細血管の近くでハーゲマン因子（第XII因子）が異物表面またはコラーゲンと接触することによって活性ハーゲマン因子（第XIIa因子）となり，これがトロンボプラスチン（第XI因子）を活性化する，というようにして次々にプロテアーゼが活性化されるカスケード反応(図7・9)が起こる．このハーゲマン因子の活性化にはカリクレインや高分子キニノーゲンも促進因子として機能している．

カスケード反応は，最終的にはトロンビンがフィブリノーゲンを活性化してフィブリンになることによって架橋フィブリンゲルが形成される．これが血液凝固である．ただし，外傷によって出血した場合には第III因子のトロンボプラスチンが傷ついた組織から放出され，これが第VII因子を活性化し，活性化された第VII因子は次いでスチュアート因子（第X因子）を活性化する．各因子が活性化する段階で増幅が起こるので，計6段の活性化によって非常に大きな増幅が起こる．

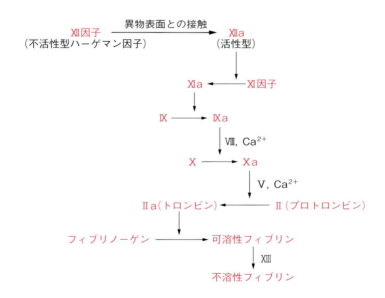

図7・9　血液凝固系

トピックス1. 洗剤や薬に含まれている酵素

酵素は最近では日常生活にもなじみの深いものになってきている．まず，酵素入り洗剤．酵素を洗剤に加えると効果がありそうだということは考えられることだが，では洗剤に加えられる酵素があるかとなると，これは意外に難しい．

洗剤は普通弱アルカリなのでアルカリの条件で働く酵素でなくてはならない．それに第一，洗剤は変性剤なので変性剤中で働く酵素でなくてはならない．

こういう条件に耐える酵素が見つかった．細菌（バクテリア）の中には，アルカリ性条件に好んで棲むものがある．すなわち，好アルカリ菌である．この好アルカリ菌が産生して分泌するプロテアーゼがある．このプロテアーゼはアルカリに耐性でしかも丈夫で簡単には変性しない．洗剤にはこのようなアルカリ耐性プロテアーゼが用いられている．

この酵素が効果的に使われるようにするためには，洗濯機に入れて洗う前に，この酵素入り洗剤を入れたぬるま湯にしばらく漬けておくとよい．

薬局で売っている薬にも酵素入りのものがある．風邪薬で塩化リゾチーム入りというのを見たことはないだろうか．リゾチームは細菌の細胞壁を構成しているペプチドグリカン層を溶解するので，殺菌作用がある．不思議に思われるかもしれないが，経口薬中のリゾチームが胃や腸で分解されずに腸から吸収されるというデータがある．

トピックス2. 抗体酵素

最近，タンパク質工学を使って機能を改良したり改変したりすることが試みられるようになってきた．タンパク質工学を使うと，遺伝子の塩基を置換することによってアミノ酸を別のアミノ酸に置き換えることができるし，長くしたり短くしたり，あるいは別の酵素とドッキングしたりすることも自由自在にできる．そこで，すでに立体構造の決定されている酵素については，構造を見ながら，さらに酵素活性を増大させたり，異なる基質特異性を付与する試みや，熱安定性を増大する試みがなされている．

もう1つのおもしろい試みとして，抗体を使った新しい酵素の開発の試みがある．この方法の考え方は，酵素の反応の第一段階が基質を結合してこれに力を加えて遷移状態のコンホメーションにするところに着目しようというものである．すなわち，遷移状態アナログ（遷移状態類似物質）に対する抗体を作る．抗体は基質に結合してこれを遷移状態のコンホメーションに変形させることが期待される．活性部位の近傍にさらに反応を進めるのに都合のいい残基があれば酵素活性をもつことが期待される．

この方法を開発した人たちは，この酵素をアブザイム（abzyme）とよぶことを提案している．この方法の利点は生体内にはないような反応を触媒する酵素を創製できる可能性があることであろう．酵素をランダムに改変して膨大な数の変異酵素の中から期待される性質をもつ酵素を能率よく選択するための系も開発されている．

練習問題

(1) 酵素活性には最適温度がある理由を述べなさい．

(2) パパインの酵素活性は，下図のように pH に依存し，pH 6.2 に最大値をもち，pH = 4.2 および pH = 8.2 にそれぞれ変曲点がある．前者は Cys 25，後者は His 159 のそれぞれの側鎖の pK_a に対応することがわかっている．このことから，活性をもつ状態での各残基の解離状態についてわかることを記しなさい．

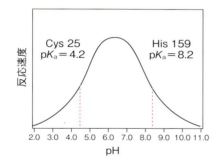

(3) 次の文の正誤を判定し誤っている場合には理由を付して正しなさい．

　a. 酵素の k_{cat} と K_m を決定する実験では基質濃度を K_m より低くしなければならない．

　b. 原理的にはプロテアーゼ（加水分解酵素）を使って，2つのペプチドを結合することができる．

　c. A → B という反応を触媒する酵素を A の溶液に加えたときと，B の溶液に加えたときとで，充分時間が経過した後の A と B の存在比は異なる．

　d. 酵素濃度がわからなくても k_{cat} と K_m は求められる．

(4) 酵素が他の一般的な触媒と異なる点をあげ，それが酵素の構造とどのように関連しているか答えなさい．

8. 代　謝　I
― ATP の産生 ―

　代謝は，生体が外から物質を取り入れて，それを生体に必要な物質に変換したり（**同化作用**），分解して（**異化作用**）放出される自由エネルギーを利用してエネルギーを取り出す反応をいう．細胞内ではエネルギーはATPという形で貯えられ，また利用される．

　この章では，とくに異化作用に重点を置いて，細胞内でいかにして物質が分解されるか，そして，その際放出されるエネルギーがどのようにしてATPを生成するかを考える．

8·1　解糖系

　解糖系の出発物質はグルコースであるが，解糖系の説明にはいる前に，グルコースの由来を見てみよう．グルコースは外から摂取したデンプン（4·4節参照）やスクロース（ショ糖）および肝臓に貯蔵してあるグリコーゲンから酵素によって生成する．

　アミロースは唾液や膵液の β-アミラーゼによって非還元末端からマルトース単位で分解され，マルトースはさらに α-グルコシダーゼによって2分子のグルコースを生じる．α-アミラーゼはアミロースをランダムに分解してグルコースやオリゴ糖を生じる．スクロースは β-フルクトフラノシダーゼでグルコースとフルクトースに分解される．生じたグルコースはヘキソキナーゼによってATPからリン酸を転移されて**グルコース6-リン酸**になる．

　グリコーゲンから出発する場合は，まずはホスホリラーゼの作用を受けて非還元末端から加リン酸分解によってグルコースをはずし，グルコース1-リン酸とする．グルコース1-リン酸はホスホグルコムターゼによってグルコース6-リン酸となる（図8·1）．

　解糖系では，グルコース6-リン酸はまず，グルコース6-リン酸イソメラーゼによって異性化され，フルクトース6-リン酸になる．

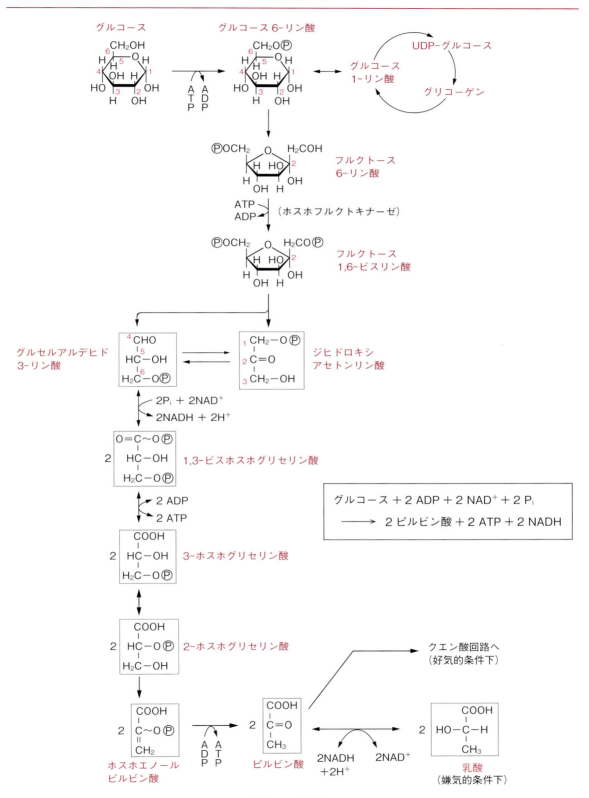

図 8・1　解糖系

フルクトース 6-リン酸は**ホスホフルクトキナーゼ**によって ATP からリン酸を転移されて，**フルクトース 1,6-ビスリン酸**となる．

ホスホフルクトキナーゼは 4 個のサブユニットからなる典型的なアロステリック酵素（図 7・8, p.88 参照）で，活性部位以外の場所に，ATP, ADP または AMP，クエン酸の結合部位をもち，これらのアロステリック・エフェクターによって活性が調節される．細胞内に ATP が多いときは ATP が活性部位以外の結合部位に結合し，活性を抑える．クエン酸が結合しても活性は低下する．クエン酸回路が活発に回転しているときには，ATP は十分供給されている状態なので，その場合に抑制されるのは理にかなっている．逆に，細胞内の ATP, ADP, AMP の総濃度はほぼ一定なので，ADP, AMP が多くてホスホフルクトキナーゼに結合する状態は ATP が必要なときである．実際，ADP, AMP の結合はこの酵素の活性を上昇させる．

フルクトース 1,6-ビスリン酸はアルドラーゼによってジヒドロキシアセトンリン酸とグリセルアルデヒド 3-リン酸となる．このジヒドロキシアセトンリン酸と**グリセルアルデヒド 3-リン酸**はトリオースリン酸イソメラーゼ（図 8・2）によって相互に変換するので，結局フルクトース 1,6-ビスリン酸から 2 分子のグリセルアルデヒド 3-リン酸が生成されたことになる．

グリセルアルデヒド 3-リン酸は，グリセルアルデヒドリン酸デヒドロゲナーゼによって無機リン酸を取り込んで，**1,3-ビスホスホグリセリン酸**となる．こ

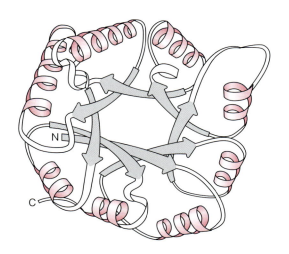

図 8・2 トリオースリン酸イソメラーゼの構造
トリオースリン酸イソメラーゼ（TIM）は典型的な α/β 構造（α ヘリックスと β 構造が交互に連なる）で，この構造は TIM バレル（ティムバレル）とよばれる．

の反応と共役して NAD$^+$ が NADH に還元される．ここで生じる 1,3-ビスホスホグリセリン酸中のアシルリン酸結合は高エネルギー結合である．

次に，1,3-ビスホスホグリセリン酸は，ホスホグリセリン酸キナーゼによって Mg^{2+} 存在下で高エネルギー結合のリン酸基を ADP に渡し，ATP を生じる．この過程は**基質レベルのリン酸化**とよばれる．（これに対して，電子伝達系と共役した ATP の生成は**酸化的リン酸化**という．p.102 参照）．生じた 3-ホスホグリセリン酸は，ホスホグリセリン酸ムターゼによって異性化反応が起こり，2-ホスホグリセリン酸になる．

2-ホスホグリセリン酸は次に，エノラーゼによって脱水して**ホスホエノールピルビン酸（PEP）**になる．PEP は脱リン酸が起こると，さらにエノール型からケト型への変換も起こるので大きな自由エネルギーを貯えている．ピルビン酸キナーゼはこのエネルギーを利用して，リン酸基を ADP に転移して ATP に変換し，PEP はエノールピルビン酸を経由してピルビン酸となる．

運動中の筋肉のように，酸素不足で嫌気的条件下に置かれると，乳酸脱水素酵素によって乳酸が生じるが，このとき，せっかく生じた NADH が使われてしまって NAD$^+$ に戻ってしまう．結局，グルコースからピルビン酸を経て乳酸に至る嫌気的条件での解糖系の反応を総計すると，グルコース 1 分子当たり，2 分子の ATP を消費し，4 分子の ATP を生産したことになるので，差し引き 2 分子の ATP を生産したことになる．

ある種の酵母などでは，嫌気的条件でアルコール発酵が起こり，ピルビン酸はピルビン酸脱炭酸酵素によってアセトアルデヒドになる．アセトアルデヒドはさらにアルコールデヒドロゲナーゼによってエタノールを生じる．

★ パスツール効果 ★

パスツールは，今から 140 年も前に酵母の乳酸発酵の研究から，酵母を嫌気的条件から好気的条件に移すとグルコースの消費が劇的に減少することを見いだした．これが，パスツール効果と言われるものであるが，この現象の真の原因がわかったのはずっと後になってからである．

すなわち，クエン酸回路が回転して ATP やクエン酸が増加すると，解糖系のホスホフルクトキナーゼに結合して解糖系の流れが抑えられる．

8・2 クエン酸回路

好気的条件下では，**ピルビン酸**はミトコンドリアに入り，ピルビン酸脱水素酵素によって**アセチル CoA** となってクエン酸回路に入る（図 8・3）．

アセチル CoA はクエン酸回路の入り口に位置する重要な化合物であるが，クエン酸回路の出発物質であるばかりでなく，脂肪酸やアミノ酸の代謝の鍵化合物でもある（図 1・5 参照）．

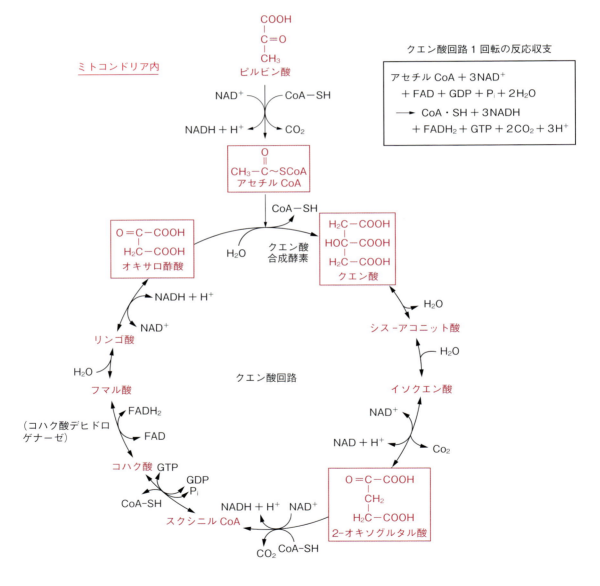

図 8・3　クエン酸回路

ピルビン酸からアセチル CoA を生ずる反応は実際は 3 つの酵素，すなわち，ピルビン酸脱水素酵素，リポ酸アセチルトランスフェラーゼ，ジヒドロリポアミド還元酵素の複合体によって起こる複雑な反応である．この過程でピルビン酸の炭素 1 個が失われて二酸化炭素 1 分子が生じ，NAD^+ 1 分子が還元されて 1 分子の NADH が生じる．なお，ピルビン酸脱水素酵素の反応には Mg^{2+}-TPP（TPP はチアミンピロリン酸；ビタミン B_1）が必要である．

クエン酸回路は，アセチル CoA のアセチル基がオキサロ酢酸に渡されて**クエン酸**が生じる反応で始まる．クエン酸は脱炭酸を含む一連の反応を経てオキサロ酢酸となり，再びアセチル CoA と反応するので，「回路」とよばれる．クエン酸回路は発見者の名前をとってクレブス回路ともよばれる．またクエン酸は 3 つのカルボキシ基をもつので，トリカルボン酸回路ともよばれ，またその頭文字をとって TCA 回路ともよばれる．

この回路の最初の反応を触媒するのがクエン酸合成酵素である．クエン酸合成酵素はアロステリック酵素（7・6 節参照）で，ATP が負の，AMP が正のアロステリックエフェクター（p.76「アロステリーについて」参照）として働く．

クエン酸はシス-アコニット酸を経て**イソクエン酸**となるが，この反応を触媒するのはアコニターゼ（アコニット酸脱水酵素）である．6 炭素のイソクエン酸は補酵素 NAD^+ を還元して**オキサロコハク酸**となり，さらに脱炭酸によって 5 炭素の **2-オキソグルタル酸**となる．この脱水素と脱炭酸の両反応はイソクエン酸脱水素酵素によって触媒され，NADH が 1 分子生じる．

次に，2-オキソグルタル酸は 2-オキソグルタル酸脱水素酵素によって，脱炭酸と同時に NAD^+ を還元し，アセチル CoA と反応して**スクシニル CoA** を生じる．この反応はピルビン酸脱水素酵素に似ている．この反応は不可逆で，クエン酸回路が一方向に回転するのはこの反応のためである．この過程でさらに 1 分子の NADH が生じる．

スクシニル CoA はスクシニル CoA 合成酵素によって**コハク酸**となる．この反応で GDP から GTP が 1 分子生じる．GTP は

$$GTP + ADP \rightleftarrows ATP + GDP$$

の反応で，ATP と等価なので，ATP 1 分子をこの反応で生じたことになる．

コハク酸はコハク酸脱水素酵素によって**フマル酸**となるが，この過程で FAD から **$FADH_2$** が 1 分子生じる．フマル酸はさらにフマル酸ヒドラターゼ（フマラーゼ）によって**リンゴ酸**となり，リンゴ酸はリンゴ酸脱水素酵素によって**オキサロ酢酸**となるが，このとき，NAD^+ が 1 分子還元されて NADH を生じる．

これで，クエン酸回路が一回転したことになる．

クエン酸回路では結局，ピルビン酸からアセチル CoA ができる段階で NADH 1 当量，さらにアセチル CoA のアセチル基が 2 分子の二酸化炭素となって放出され，3 当量の NADH と 1 当量の $FADH_2$，それに 1 分子の GTP (ATP と等価) が生じる．次節で見るように電子伝達系を経ることにより，NADH は 3 分子の ATP，$FADH_2$ は 2 分子の ATP を生じるので，合計 15 分子 ($1 \times 3 + 3 \times 3 + 2 + 1$) の ATP が生じることになる．

解糖系の出発点から数えると，好気的条件下ではグルコース 1 分子当たりさらに 2 分子の ATP と 2 分子の NADH を生じる．NADH 1 分子が電子伝達系(後述)で 3 分子の ATP を生じるので，結局，解糖系で 2 + 6，すなわち，8 分子の ATP を生産することになる．ただし，真核生物では，細胞質にある解糖系で生じた NADH は電子伝達系のあるミトコンドリアには入ることができず，水素はジヒドロキシアセトンリン酸に引き渡される．ジヒドロキシアセトンリン酸はミトコンドリアの膜を通過すると NAD^+ ではなくて，FAD に受け渡される．$FADH_2$ は NADH と違って 2 分子の ATP しか生じないので，結局，真核生物ではグルコース 1 分子当たり，8 分子ではなくて 6 分子の ATP が生産される．つまり，最終的にグルコース 1 分子当たり，$8(6) + 15 \times 2 = 38(36)$ 個の ATP が生成する．

嫌気的条件で生じる ATP 2 分子に比べると，ずっと多いことがわかる．一般的には，生物の生存には酸素が必要で，嫌気的条件で生存できる生物は，酵母や細菌など，特定の微生物に限られている．

8·3 電子伝達系

ミトコンドリア内で起こるクエン酸回路では 3 当量の **NADH**（ピルビン酸を出発点とすると 4 当量）と 1 当量の $FADH_2$ が生じる．図 8·4 に示すように，電子伝達系はこれらの還元型の補酵素から**電子**を受け取り，電子は最終的に**酸素**に渡されて**水**分子が生じる．

電子伝達系は 4 つのタンパク質複合体からなる．すなわち，NADH-CoQ 還元酵素複合体（複合体 I，25 個のタンパク質からなる），コハク酸-CoQ 還元酵素複合体（複合体 II，タンパク質 4 分子），CoQ-シトクロム還元酵素複合体（複合体 III，9 ないし 10 個のタンパク質からなる），シトクロム酸化酵素複合体（複合体 IV，13 個のタンパク質からなる）である．

さて，NADH はまず複合体 I の FMN に電子を渡して NAD^+ となり，水素イオンが 2 当量 膜の外側に放出される．電子は次に，CoQ（コエンザイム Q）

を経て複合体Ⅲに渡され，ここでまた水素イオン2当量が膜の外側に放出される．さらにシトクロムcを経て複合体Ⅳから水素イオンがさらに2当量放出される．電子は最後に酸素に渡され，H_2Oを生じる．

クエン酸回路のコハク酸脱水素酵素はFADを共有結合で結合していて，例外的に膜に結合している酵素である．コハク酸からフマル酸への反応で生じた$FADH_2$は複合体ⅡのFe・Sクラスターに電子を渡し，CoQを介して複合体Ⅲへと進むが，複合体Ⅱでは水素イオンの放出は起こらない．

ATPの合成は，上記のようにミトコンドリア内膜の外に放出された水素イオンが，逆に膜を隔てた水素イオン濃度の差に基づくエネルギー（電気化学ポテンシャル，これを$\Delta\mu_{H^+}$と書く）を利用して流入する際に，ミトコンドリア内膜に存在するATP合成酵素によって合成される．

ちょうど，ダムの発電所が水のエネルギー（重力による位置エネルギー）を利用して発電器を回すのと同じように，汲み出したプロトン（水素イオン）が内部に流入するエネルギーを利用して，発電器に対応するATP合成酵素（F_0F_1ATP合成酵素；図8・5）によってADPをリン酸化してATPを合成するわけである．

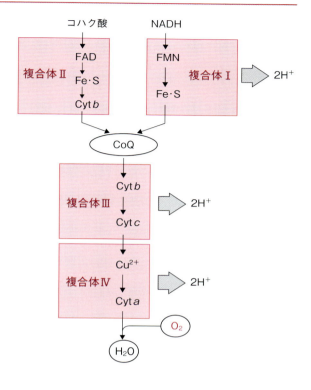

図8・4 電子伝達系

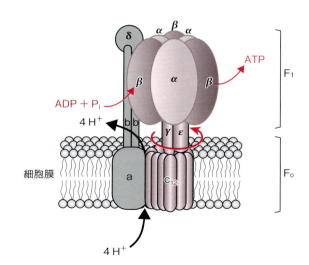

図8・5 F_0F_1ATP合成酵素（F_0F_1ATPアーゼ）
1997年P. BoyerとJ. E. Walkerはそれぞれ回転触媒モデルの提唱とX線結晶構造解析による立体構造の決定に対してノーベル化学賞を授与された．その年，東京工業大学 吉田賢右研究室の野地博行らはγサブユニットが触媒反応に伴って回転することを1分子生化学の方法で証明している．α, β, γ, δ, εはF_1のサブユニット．a，b，cはF_0のサブユニット．

ADPからATPを合成するのには，2当量の水素イオンの流入が必要である．また，電子伝達系の各複合体（複合体 I，III，IV）はそれぞれ 2 当量の水素イオンを放出する．したがって，NADH では 3 分子，$FADH_2$ では 2 分子の ATP が合成されることになる．この酵素はプロトン ATP アーゼ（H^+-ATPase）ともよばれる．

上で述べられた ATP 合成は，解糖系の「基質レベルのリン酸化」(p.97)に対して，「**酸化的リン酸化**」とよばれる．「酸化的」というのは，電子の受け渡しという酸化還元反応と共役していることに由来する．酸化的リン酸化のメカニズムは初めイギリスのミッチェル（1978 年度ノーベル賞受賞）によって唱えられ，**化学浸透圧説**とよばれたが，現在では広く受け入れられている．

以上見てきたように，私たちが，肺から取り入れた酸素は電子伝達系の末端で消費される．

8・4 代謝経路の調節

すでに，ホスホフルクトキナーゼやクエン酸合成酵素によるフィードバック機構を見てきた（8・1 節）が，解糖系からクエン酸回路までの間にはいくつか

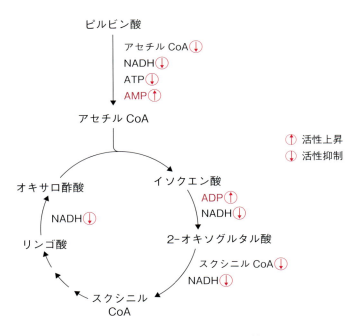

図 8・6 解糖系・クエン酸回路の調節

の段階でアロステリック酵素によって代謝の流れが制御されている．図 8・6 にその酵素と，調節に関わるリガンドが示してある．

8・5　血液中のグルコース濃度（血糖値）の調節

グルコースは最も重要な代謝化合物なので，血液中のグルコースの濃度は常に一定に保たれるようになっている．その仕組みについて考えてみよう．

血液中のグルコース濃度が下がると，膵臓のランゲルハンス島からグルカゴンというペプチド性のホルモンが血液中に放出されてくる．グルカゴンがレセプター（受容体）に結合すると，**G タンパク質**（グアニンヌクレオチド結合タンパク質）を介して**アデニレートシクラーゼ**（ATP → cAMP を触媒）という酵素を活性化する．その仕組みは以下のようになっている（図 8・7）．

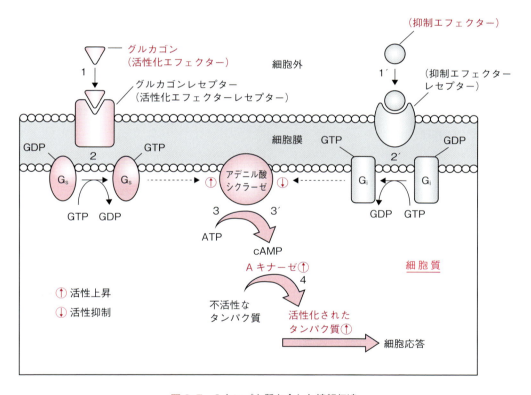

図 8・7　G タンパク質を介した情報伝達

G タンパク質にはアデニレートシクラーゼを活性化するもの（G_s）と抑制するもの（G_i）があるが，いずれも α，β，γ の 3 つのサブユニットから構成されている（図 8・8）．さて，グルカゴンがレセプターに結合すると，G_s タンパク質三量体がレセプターに結合する．このとき，α サブユニットは GDP を結合

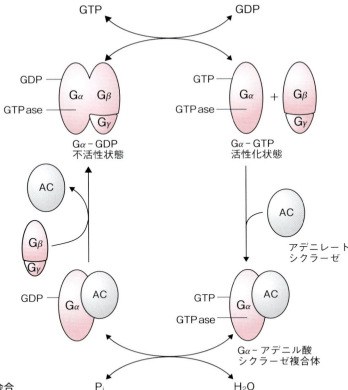

図 8・8 G タンパク質の解離・会合

している．レセプターに結合した α サブユニットの GDP は GTP と交換し，α サブユニット（Gα-GTP）は β・γ 複合体から離れて膜上を移動し，アデニレートシクラーゼを活性化する．仕事を終えた α サブユニットは自らの GTP アーゼ活性で GTP を分解して Gα-GDP となり，再び β・γ サブユニットと結合して三量体となる．

アドレナリン（エピネフリンとも言う；図 8・9）も同じ作用をもつ低分子のホルモンであるが，アドレナリンレセプターに結合して同様にアデニレートシクラーゼを活性化する．アドレナリンは副腎髄質で作られ，グルカゴンが肝臓だけで働くのに対して，アドレナリンは筋肉でも働く．グルカゴンが低レベルのグルコース濃度を膵臓が感知して生産される日常的な機能であるのに対して，アドレナリンの方はストレスに応じて産生される非常用のホルモンである．

アデニレートシクラーゼは ATP からサイクリック AMP（cAMP）を合成する酵素である．cAMP はセカンドメッセンジャーとよばれ，cAMP 依存性のプロテインキナーゼを活性化する．セカンドメッセンジャーに対するファーストメッセンジャーはホルモン自体である．

cAMP 依存性プロテインキナーゼはホスホリラーゼキナーゼという酵素をリ

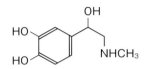

図 8・9 アドレナリンの構造

ン酸化して活性化し，活性化されたホスホリラーゼキナーゼはホスホリラーゼ（b型）をリン酸化して活性化（a型ホスホリラーゼ）する．こうして生成した活性型のホスホリラーゼはグリコーゲンを分解してグルコース 1-リン酸を産生し，さらにホスファターゼというリン酸除去酵素によってグルコースが多量に産生されて血中に送り出される．

上記の一連の過程はカスケード機構とよばれ，少数のレセプター分子がホルモンを結合することによって多数の G_s タンパク質を活性化し，これによって活性化されたアデニレートシクラーゼはさらに何千もの cAMP 分子を合成し，という風にどんどん増幅されるようなメカニズムになっている．このようなカスケード機構は血液凝固のところで見た機構と似ている（p.91 のコラム）．

さて，逆に，グルコース濃度が高くなり過ぎると，今度は膵臓のランゲルハンス島からインシュリンが放出される．インシュリンの作用機構はグルカゴンやアドレナリンとはまったく異なる．

肝細胞のインシュリン受容体は，図 8・10 のような $\alpha_2\beta_2$ というサブユニット構造をもった糖タンパク質で，α サブユニットは 735 アミノ酸，β サブユニットは 620 アミノ酸からなり，細胞表面にある α サブユニットにインシュリン結合部位がある．β サブユニットは膜を貫通する部分と，細胞質内にあって，タンパク質のチロシン残基をリン酸化する，チロシンキナーゼ活性をもつ部分からなる．

レセプターにインシュリンが結合すると，β サブユニットのチロシンキナーゼが働いて，自らをリン酸化する．この後の機構は不明だが，このリン酸化によって膜にリンクしたグルコース輸送系が活性化するものと考えられる．

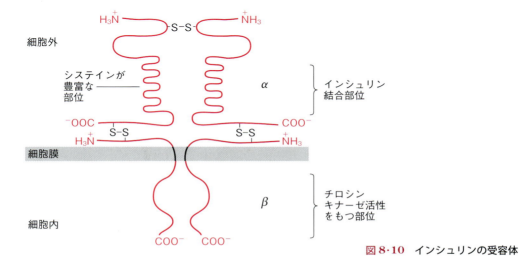

図 8・10 インシュリンの受容体

> ★ **ホルモン** ★
>
> グルカゴンやインシュリンを例としてホルモンの作用を見たが，グルカゴンやインシュリンのように，内分泌されて情報を標的細胞に伝える物質をホルモンとよんでいる．視床下部や脳下垂体のほか，種々の臓器の内分泌細胞で作られる．ホルモンは大きく脂溶性ホルモンと水溶性ホルモンに分けられる．
>
> 主要な水溶性ホルモンを表 8・1 に示した．脂溶性ホルモン（ステロイドホルモン）は表 5・2 に示してある．なお，体の外表面や消化器に分泌されるのを外分泌とよぶのに対して，血液や体液に分泌される場合を内分泌という．
>
> 表 8・1 水溶性ホルモン
>
> | 分類 | 重要な例 | コメント |
> | --- | --- | --- |
> | タンパク質または
ペプチドホルモン | 成長ホルモン | 188 アミノ酸からなる．タンパク質合成促進，組織の成長．
（脳下垂体で生産） |
> | | インシュリン | 51 アミノ酸からなる．細胞へのグルコース取り込み促進．
（膵臓で生産） |
> | | 副腎皮質刺激ホルモン
（ACTH） | 39 アミノ酸からなる．グルココルチコイドの合成と放出の促進．
（脳下垂体で生産） |
> | | グルカゴン | 29 アミノ酸からなる．グリコーゲンと脂質分解の増大．
（膵臓で生産） |
> | | バソプレッシン | 9 アミノ酸からなる．抗利尿作用．血管平滑筋収縮． |
> | アミノ酸誘導体 | チロキシン | チロシン誘導体．成長と分化の促進．
（甲状腺で生産） |
> | | アドレナリン | チロシン誘導体．グリコーゲンと脂質分解の増大．
（副腎髄質で生産） |

8・6　脂質の分解と脂肪酸の β 酸化

余分に摂取したタンパク質，糖質，脂質などの栄養は，アセチル CoA を経て脂質として貯えられ，必要なときにこれを分解して，ATP を合成する．

最も普通の脂質は**トリグリセリド**で，これはまずリパーゼによって**グリセロール**と**脂肪酸**に分解される（図 8・11）．リパーゼには基質特異性の異なるいくつかのものがあり，モノアシルグリセロールまでしか分解しないものや，モノアシルグリセロールのみを分解するものもある．グリセリンはそのまま再びトリグリセリドの合成に用いられる（9 章）ほか，グリセロールキナーゼの作用でグリセロール 3-リン酸になり，グリセロール 3-リン酸脱水素酵素によってジヒドロキシアセトンリン酸になって解糖系に入る（8・1 節参照）

リン脂質はホスホリパーゼによって分解される．ホスホリパーゼにも基質特異性の異なる数種類のものがある（図 5・8 参照）．

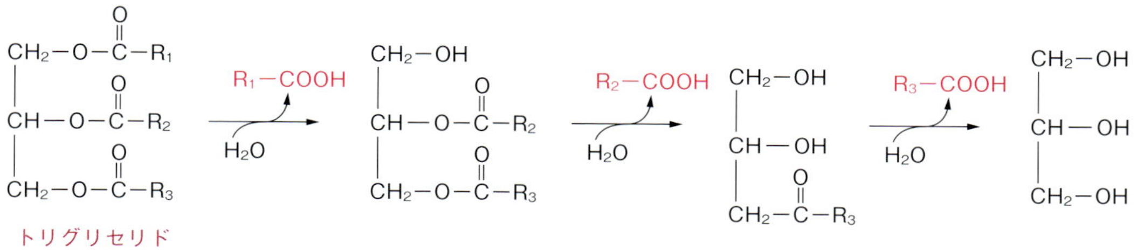

8·6 脂質の分解と脂肪酸のβ酸化

図8·11 リパーゼによるトリグリセリドの分解

リパーゼやホスホリパーゼによって生じた脂肪酸は**β酸化**によって，カルボキシ末端から炭素を2原子ずつ**アセチルCoA**として遊離する（図8·12）．β酸化というのは，脂肪酸の分解の始めの段階で，β位の炭素が酸化されるからである．β酸化は，脂肪酸の**アシルCoA**への変換によって始まる．これはアシルCoA合成酵素（チオキナーゼとも言う）によって以下の2段階の反応で進行する．

$$RCH_2CH_2COOH + ATP \rightleftarrows RCH_2CH_2CO\text{-}AMP + PPi$$

$$RCH_2CH_2CO\text{-}AMP + CoA\text{-}SH \rightleftarrows RCH_2CH_2CO\text{-}S\text{-}CoA + AMP$$

アシルCoAはアシルCoAデヒドロゲナーゼでα炭素とβ炭素の間に二重結合が形成され，エノイルCoAヒドラターゼによってそこに水が添加され，さらに3-ヒドロキシアシルCoAデヒドロゲナーゼで酸化されて3-ケトアシルCoAとなり，最後にチオラーゼによってアセチルCoAと炭素鎖の2つ短くなったアシルCoAが生成する．この一連の反応が繰り返し起こることによって炭素鎖が2つずつ短いアシルCoAとなり，偶数個の炭素をもつ脂肪酸ではすべてがアセチルCoAに変換することになる．

なお，リノール酸やリノレン酸のような不飽和脂肪酸では二重結合の位置でβ酸化がいったん停止するが，異性化酵素によって *cis* から *trans* に変換され，さらにNADPHを補酵素とする2,4-ジエノイルレダクターゼあるいは4-エノイルレダクターゼによる還元反応で飽和脂

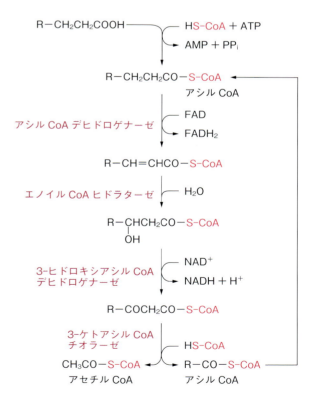

図8·12 ミトコンドリアにおける脂肪酸のβ酸化

肪酸になり，β酸化が引き続いて起こる．

炭素が奇数個の場合は，最後に生じるプロピオニル CoA がプロピオニル CoA カルボキシラーゼによって ATP の加水分解を伴ってカルボキシル化されメチルマロニル CoA が生じる．メチルマロニル CoA はメチルマロニルムターゼの作用でスクシニル CoA になり，クエン酸回路に入る．

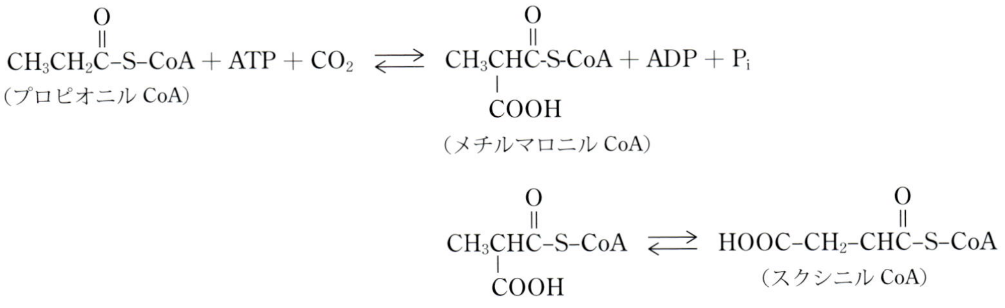

$$CH_3CH_2\underset{\|}{\overset{O}{C}}\text{-S-CoA} + ATP + CO_2 \rightleftarrows CH_3\underset{\underset{COOH}{|}}{\overset{O}{\overset{\|}{C}H}}\text{-S-CoA} + ADP + P_i$$

（プロピオニル CoA）　　　　　　　（メチルマロニル CoA）

$$CH_3\underset{\underset{COOH}{|}}{\overset{O}{\overset{\|}{C}H}}\text{-S-CoA} \rightleftarrows HOOC\text{-}CH_2\text{-}\underset{\|}{\overset{O}{C}H}\text{-S-CoA}$$

（スクシニル CoA）

ここで，炭素数 16 のパルミチン酸が β 酸化でアセチル CoA まで分解された場合について，ATP 産生の効率を考えてみよう：

$$\text{パルミトイル CoA} + 7\,\text{CoA-SH} + 7\,\text{FAD} + 7\,\text{NAD}^+ + 7\,H_2O \longrightarrow$$
$$8\,\text{アセチル CoA} + 7\,FADH_2 + 7\,NADH + 7H^+$$

この過程で，まずパルミトイル-CoA を活性化するために ATP が 1 分子消費されることを考慮し，8 個のアセチル-CoA から 96 個 (8×12)，7 個の $FADH_2$ から 14 個 (7×2)，7 個の NADH から 21 個 (7×3) の ATP が生成することを考慮すると計 130 個の ATP が産生されることになる．

これを炭素 1 原子当たりに換算すると，8.2 個＝（130/16）となる．これに

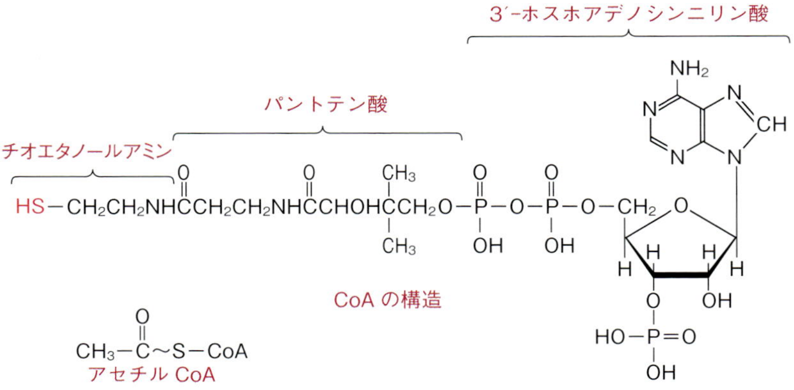

図 8·13 CoA とアセチル CoA

対してグルコースは炭素1原子当たり6.3個（38/6）となり，糖に比べて脂肪酸の酸化がより効率よくATPを産生することができることがわかる．

▶ **ケトン体**

脂肪酸はβ酸化により，大量のアセチルCoAを生じる．このアセチルCoAは，通常クエン酸回路で速やかに代謝される．しかし，飢餓や糖尿病などの状態では肝細胞にグルコースが不足するので，糖新生が促進され，その結果，オキサロ酢酸の濃度が低下してクエン酸回路の回転率が低下し，アセチルCoAを処理できなくなる．その結果，2分子のアセチルCoAからアセトアセチルCoAができ，アセチルCoAとアセトアセチルCoAが縮合して3-ヒドロキシ3-メチルグルタリルCoA（HMG-CoA）を生じる．HMG-CoAは分解酵素によってアセト酢酸とアセチルCoAに分解される．

アセト酢酸はそのまま血中に分泌されるが，一部は還元されてβ-ヒドロキシ酪酸となって分泌される．この両者と，アセト酢酸が自然に分解して生じるアセトンの3者は"ケトン体"とよばれる．アセトンは代謝されないが，β-ヒドロキシ酪酸もアセト酢酸となって肝臓以外の器官，とくに筋肉で代謝される．

しかし，これらの"ケトン体"は酸性であるため，血中濃度が高くなり過ぎると，脱水症状を起こしたり，意識障害を起こしたりする．ケトン体の濃度過剰を**ケトーシス**とよぶが，さらに一般的な**アシドーシス**（血液が過度の酸性になる）は，これ以外の理由，すなわち呼吸障害，過度の運動による乳酸の濃度の上昇などによっても起きる．

8・7 尿素回路

アミノ酸や核酸塩基が分解されるとアンモニアが生じる．アンモニアはクエン酸回路から2-オキソグルタル酸を除いてしまうために体にとって有毒なので，哺乳類では血流に乗って肝臓に運ばれ，そこで**尿素回路**によって尿素となり，腎臓を通して尿として排泄される．

尿素回路では，まずアンモニアはATPおよびCO_2と反応してカルバモイルリン酸を生じ，オルニチンと結合してシトルリンとなり，アルギニンを経て再びオルニチンを生成する段階で尿素を生じる（図8・14）．

アンモニア1分子について1分子のATPが消費されるため，尿素回路はATPを多量に消費することになる．生体は生体分子を生産するためだけではなく，壊して安全に効率よく排除するためにも多くのエネルギーを使用している．

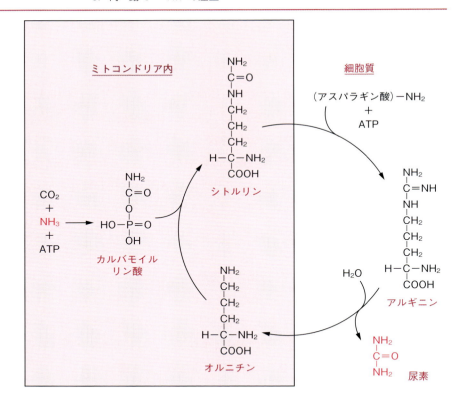

図8·14　尿素回路

トピックス．お酒に強い人と弱い人

　世の中にはビールをコップ一杯飲んだだけで真っ赤になる人がいるかと思えば，ウイスキーを何杯飲んでもまったく平気な人もいる．どこが違うのだろうか．

　お酒を飲むと，吸収されたアルコールは肝臓でアルコールデヒドロゲナーゼによってアセトアルデヒドになる．二日酔いなど体に悪さをするのはアルコールそのものではなくてこのアセトアルデヒドである．したがって，生じたアセトアルデヒドは速やかに代謝されなければならない．このとき働くのがアセトアルデヒドデヒドロゲナーゼで，アセトアルデヒドはこの酵素によって酢酸になり，余分なものは排泄され，一部はCoAと結合してアセチルCoAとなって，代謝される．

　このアセトアルデヒドデヒドロゲナーゼをコードする遺伝子は2つあり，1つは常在型で常に低レベルで発現しており，もう1つの遺伝子はアルコールによって誘導されるものである．ある醸造会社の研究によると，人によってこの誘導型の酵素をもっている人ともっていない人がいるという．お酒に強い人は

両親からこの誘導型遺伝子を2つ受け継いでいる（染色体は父親由来と母親由来のペアである）．これに対して，お酒にまったく弱い人はこの遺伝子をもっていない．片親からのみこの遺伝子を受け継いでいる人，すなわち，アルデヒドデヒドロゲナーゼ遺伝子を1つしかもっていない人はその中間の強さだということになる．

練習問題

(1) カプリル酸（$CH_3(CH_2)_8COOH$）はβ酸化によって何分子のATPを産生できるか．計算しなさい．

(2) 酵素の活性はいろいろなレベルで調節されている．次の言葉を酵素の調節の例をあげて説明しなさい．
フィードバック制御，プロセッシング，エフェクター，インヒビター，Gタンパク質，リン酸化

(3) 酵母の増殖において，酸素が存在するときとしないときでどちらがグルコースの消費量が多いか．その理由は何か．

(4) ビタミンの中には補酵素または補酵素の前駆体として働くものが多い．以下のビタミンと関連する補酵素をB群から，関連する酵素をC群から選びなさい．

A群：パントテン酸，ニコチン酸，ビタミンB_1（チアミン），ビタミンB_2（リボフラビン）

B群：TPP（チアミンピロリン酸），NAD^+，CoA（コエンザイム），FAD

C群：ピルビン酸脱水素酵素，イソクエン酸脱水素酵素，コハク酸脱水素酵素

9. 代　謝 II
―糖と脂肪酸の合成―

　代謝には2つの側面がある．1つは取り込んだ物質を分解してATPを生成することと，もう1つは，取り込んだ物質を生体の必要とする他の物質に変換することである．たとえば，解糖系は糖を分解してATPを合成するが，分解の中間体である**ジヒドロキシアセトンリン酸**からはグリセロールが作られ，**ピルビン酸**からはアラニンが作られる．そして，**アセチルCoA**は多数の化合物の合成原料となる（図1・5）．

　本章では，とくに後者の側面，すなわち種々の生体分子の合成についてまとめる．ここで重要なことは，生合成は分解過程をそのまま逆にたどるようには進まないということである．生物学的な観点から考えると，これは生合成や分解の制御にとって重要である．

　たとえば，解糖系の調節にはホスホフルクトキナーゼなどのアロステリック酵素が重要だが，この負のフィードバックの機構は，必要なときにだけ糖を消費するようになっていて，必要でないときにはこの経路を遮断するように働いている（8・1節参照）．もし，合成の経路が分解の経路と同じならば，分解の経路が遮断されると合成の経路も遮断されてしまうことになる．

9・1　糖新生

　肝臓では空腹時に筋肉から供給される乳酸を主原料としてグルコースが生合成される．原料は**乳酸**だけでなく，アミノ酸，とくに**アラニン**が使われる．乳酸とアラニンはそれぞれ脱水素酵素とアミノ基転移酵素で容易に**ピルビン酸**になる．このピルビン酸からグルコースへの道筋を**糖新生**とよぶ．

　糖新生は，図9・1に示すように，基本的には解糖系の逆反応であるが，そのまま逆反応では行かないところがある．1つは**ホスホフルクトキナーゼ**の反応である（8・1節）．この酵素はATPの合成が十分なときには解糖系の流れが遮断されるように調節されている．また，ホスホエノールピルビン酸からピルビ

ン酸を生成する反応は不可逆である．そこで，合成反応はこれらの反応を迂回して行われる．とくに，ピルビン酸からホスホエノールピルビン酸への経路は複雑である．

ミトコンドリア内の**ピルビン酸**はピルビン酸カルボキシラーゼの反応によってATPのエネルギーを使って**オキサロ酢酸**になり，NADHにより**リンゴ酸**に還元されて細胞質に戻り，再びNAD$^+$によって**オキサロ酢酸**になってから，ホスホエノールピルビン酸カルボキシキナーゼによってGTPのリン酸を転移して**ホスホエノールピルビン酸**になる．

いったんリンゴ酸にしてから再びオキサロ酢酸にするのは，オキサロ酢酸が膜を通過できないという事情による．あとは解糖系をさかのぼるわけだが，ホスホフルクトキナーゼの反応のところでは，フルクトース 1,6-ビスホスファターゼによる脱リン酸が起こる．最後の反応はグルコース 6-ホスファターゼによる脱リン酸であり，こうして**グルコース**が生成される．

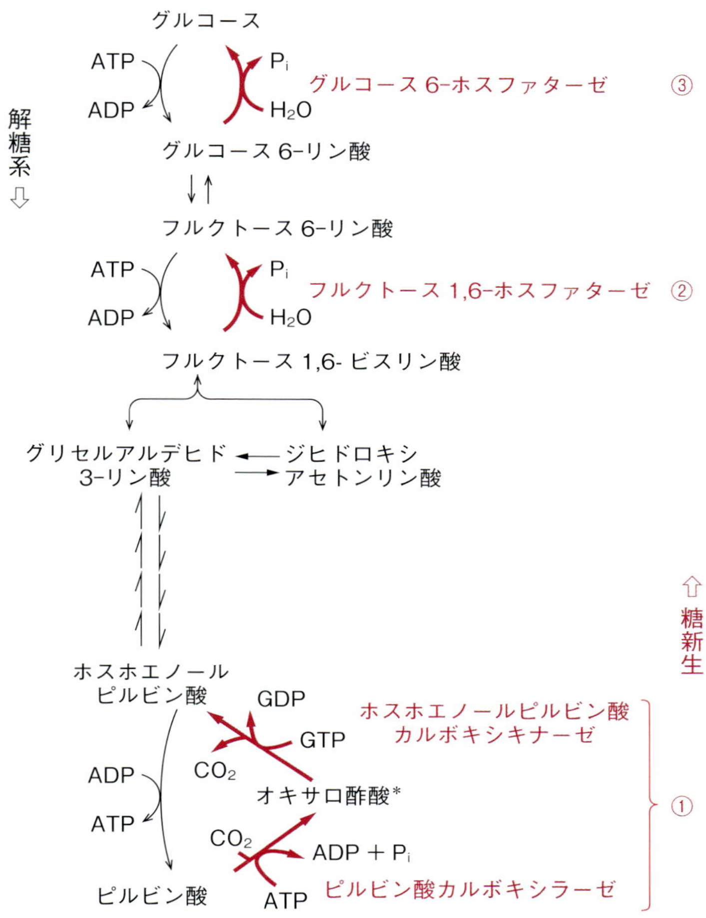

こうして生成したグルコースは血流に乗って筋肉など必要な組織に運ばれるほか，余分なグルコースはグリコーゲンとして貯えられる．

グルコースはヘキソキナーゼでグルコース 6-リン酸になった後，ホスホグルコムターゼでグルコース 1-リン酸となり，ピロホスホリラーゼで **UDP-グルコース**となる（図8・1参照）．UDPグルコースがUDPを放出し，重合してグリコーゲンが合成される．グルコースからのグリコーゲンの合成は筋肉中でも起こり，筋肉も収縮のエネルギー源としてグリコーゲンを貯えている．

糖新生のステップのうち，上記①〜③が，解糖系の逆反応では進行しないところ．

図9・1 糖新生
* オキサロ酢酸は膜を通過できないので，いったんリンゴ酸に変換されてから細胞質に移り，細胞質で再びオキサロ酢酸に戻る．

9・2 脂質の生合成

9・2・1 脂肪酸の合成

脂肪酸の合成は**アセチル CoA** を直接の原料として肝臓で行われる．合成反応は β 酸化による酸化分解の逆反応と似ているが，関与する酵素などがまったく異なる．

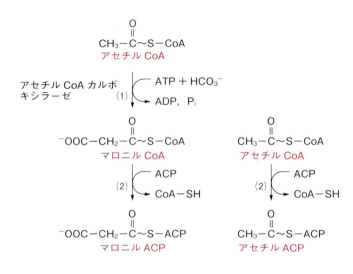

図 9・2 ① マロニル ACP とアセチル ACP の合成

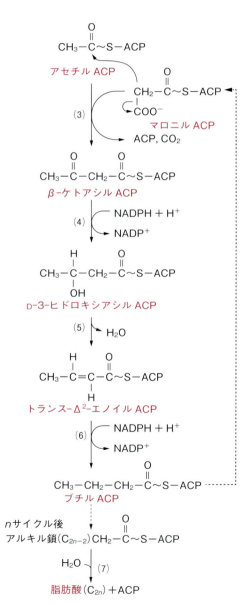

図 9・2 ② 脂肪酸の合成サイクル

アセチル CoA はミトコンドリアの中で生成するが，脂肪酸の合成は細胞質で行われる．そのために，アセチル CoA はミトコンドリアの外に出なければならないが，それ自身で膜を通過することができない．そのため，アセチル CoA はいったんクエン酸になってから（クエン酸回路），膜を通って外に出て，クエン酸分解酵素で再びアセチル CoA となる．もう 1 つの分解産物のオキサロ酢酸はそのままではミトコンドリアに入れないので，リンゴ酸に還元されてからミトコンドリアに戻る．

さて，脂肪酸の合成は，1 サイクルで 2 つのメチレン基を付加しながら進行するが，毎回 1 分子の**マロニル CoA** が反応に加わる（図 9·2 ①）．マロニル CoA は，アセチル CoA カルボキシラーゼによって ATP のエネルギーを使ってアセチル CoA に炭酸を付加する形で進行する．この反応には**ビオチン**が関与している（図 9·2 ②）．

酵母や動物の**脂肪酸合成酵素**は，7 つの酵素活性をもつ複合体を形成し，図 9·2 の (1) ～ (7) の酵素活性が含まれている．(7) の活性は脂肪酸を ACP（アシルキャリアータンパク質）から切り離す反応である．

図 9·3 に脂肪酸合成酵素複合体のモデルを示した．まず，マロニル CoA は図 9·2 ①のようにして合成された後，酵素複合体上のアセチル ACP にマロニル基を転移して β- ケトアシル ACP が生成する．アシルキャリアータンパク質は CoA がもっているのと同じパンテテインをリン酸を介してセリン残基に結合したタンパク質で，末端に SH 基をもつ．

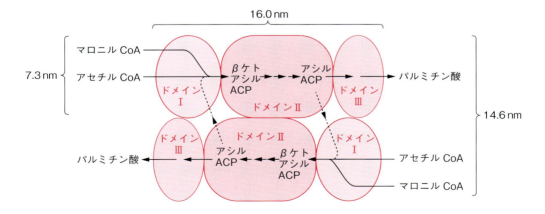

図 9·3　脂肪酸合成酵素のモデル
　ニワトリ肝臓の脂肪酸合成酵素．分子量 24 万の同一のサブユニット 2 個からなる．ドメイン I には図 9·2 の (1) ～ (3)，ドメイン II には (4) ～ (6) の酵素活性がある．ドメイン III には脂肪酸を ACP（アシルキャリアータンパク質）から切り離す活性 (7) がある．

β-ケトアシル ACP は次に β-ケトアシル還元酵素によって還元され，脱水酵素による脱水，さらにエノイル還元酵素による還元を受けてアセチル CoA より炭素 2 つ分長いブチリル ACP となる．このブチリル基がケトアシル合成酵素に転移されると次のサイクルに移り，以後同様にしてマロニル CoA からの転移を繰り返す．たとえば，パルミチン酸では 7 サイクル終わったところでチオエステラーゼによってアシルキャリアータンパク質から加水分解によってはずれてパルミチン酸が生成することになる．

脂肪酸合成の際に還元剤として使われるのは NADH ではなくて NADPH である．NADPH はペントースリン酸回路（9·2·4 項）で合成される．

9·2·2　トリアシルグリセロールの合成

トリアシルグリセロール（脂肪）はグリセリンと脂肪酸のエステルであり，エネルギーの貯蔵などに重要である．生体内ではグリセロール 3-リン酸にアシル CoA からアシル基が転移されることによって生成する．グリセロール 3-リン酸は解糖系中間体のジヒドロキシアセトンリン酸から，グリセロール 3-リン酸脱水素酵素を触媒とする還元反応によって生成する．

$$\text{ジヒドロキシアセトンリン酸} + NADH + H^+ \longrightarrow$$
$$\text{L-グリセロール 3-リン酸} + NAD^+$$

次に，グリセロール 3-リン酸の 1 位と 2 位の OH にアシル CoA からアシル基が転移して**ホスファチジン酸**が生成した後，加水分解によってリン酸が除去され，さらにアシル CoA からアシル基が転移してトリアシルグリセロールが生成する．ホスファチジン酸は**リン脂質**の中間体でもある．

$$\text{アシル-S-CoA} + \text{グリセロール 3-リン酸} \longrightarrow$$
$$\text{モノアシルグリセロール 3-リン酸} + \text{CoA-SH}$$

$$\text{モノアシルグリセロール 3-リン酸} + \text{アシル-S-CoA} \longrightarrow$$
$$\text{ジアシルグリセロール 3-リン酸} + \text{CoA-SH}$$
$$(\text{ホスファチジン酸})$$

$$\text{ホスファチジン酸} + H_2O \longrightarrow 1,2 \text{ジアシルグリセロール} + P_i$$

$$1,2 \text{ジアシルグリセロール} + \text{アシル-S-CoA} \longrightarrow$$
$$\text{トリアシルグリセロール} + \text{CoA-SH}$$

9·2·3 不飽和脂肪酸の合成と必須脂肪酸

細胞膜には**オレイン酸**や**リノール酸**など不飽和脂肪酸が存在しており，細胞膜の流動性やホルモンの作用による情報伝達などに重要な役割を果たしている．ステアリン酸からオレイン酸への還元は，NADH によって行われ，シトクロム b_5 と NADH によってステアロイル CoA にヒドロキシ基が付加され，それに引き続いて脱水が行われてオレイル CoA が生成し，さらに加水分解によってオレイン酸が生ずる．

$$\text{ステアロイル CoA} + \text{NADH} + \text{H}^+ + \text{O}_2 \rightarrow$$
$$\text{オレイル CoA} + \text{NAD}^+ + 2\,\text{H}_2\text{O}$$

脂肪酸は二重結合が入るとそこで大きく折れ曲がる．生理的にとくに重要なのは**リノール酸**，**α-リノレン酸**，**アラキドン酸**であるが，このうち，リノール酸とα-リノレン酸はヒトは合成できないので摂取しなくてはならず，**必須脂肪酸**とされている．

プロスタグランジン（PG；図5·2参照）はアラキドン酸など C_{20} の多価不飽和脂肪酸から誘導される強力な生理活性物質であり，種類によって血圧降下，血圧上昇，血管収縮，子宮収縮，抗腫瘍作用などさまざまな作用がある．詳しい作用機作は明らかではないが，サイクリックヌクレオチドの代謝に関連していることがわかっている．

9·2·4 ペントースリン酸回路

脂肪酸の合成で用いられる NADPH は**ペントースリン酸回路**で供給される．このペントースリン酸回路は光合成で行われる CO_2 の固定に働く還元的ペントースリン酸回路に対して**酸化的ペントースリン酸回路**とよばれることもある．グルコース6-リン酸を出発物質として脱炭酸，C2，C3 の交換を行いながら再びグルコース6-リン酸に戻るが，この間に NAD^+ を還元して2分子の **NADPH** を生成する（図9·4）．この回路に含まれる3炭糖から7炭糖までの6種類の糖のうち，フルクトース6-リン酸とグリセルアルデヒド3-リン酸は解糖系と重なっている．

ペントースリン酸回路は6回 回転すると1分子のグルコース6-リン酸から6分子の CO_2 と12分子の NADPH を生成する．NADPH は電子伝達系には入れないので，脂肪酸の合成など，限られた反応の補酵素としてのみ利用される．酵素によって NAD^+ を使うものと $NADP^+$ を使うものと分かれるが，どちらでも活性を発揮するものもある．

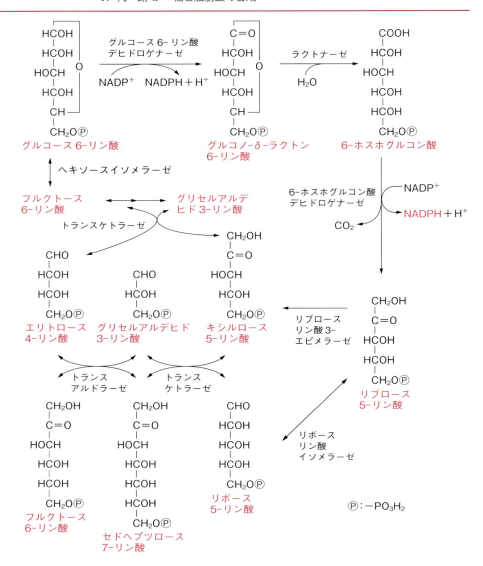

図9·4 ペントースリン酸回路

トピックス．コレステロール受容体

　コレステロールは生体内でステロイドホルモンや胆汁酸などの生理的に重要な物質の前駆体となる一方，細胞膜の重要な構成成分でもある．しかし，血液中の過剰なコレステロールは蓄積して動脈硬化などを引き起こす．そのため，生体には各部位のコレステロール量を適正に制御する機構が備わっている．

　その制御の役割を果たしているのが LDL（低比重リポタンパク質）で，血中コレステロールの大部分はこの LDL に結合している．肝臓には LDL のレセ

プター（受容体）タンパク質があり，レセプターに結合したLDLはエンドサイトーシス（膜陥入）という機構で細胞内に取り込まれる．血中コレステロールの濃度は膜上のLDLレセプターの数によって制御され，血中濃度を下げる必要のあるときには数が増える仕組みになっている．

細胞内に取り込まれたコレステロールは代謝され，LDLレセプターは再利用される．LDLレセプターは839アミノ酸残基からなる糖タンパク質である．

練習問題

(1) グリコーゲンの合成と分解が，ホルモンによって制御される機構について説明しなさい．

(2) アビジンは卵白中に含まれる糖タンパク質で，ビオチンに固く結合するため，ビオチンを要求する反応の阻害剤となる．糖新生において，アビジンで阻害される反応はどれか．

(3) ヒトはある種の脂肪酸を体内で合成できないために外部から摂取しなければならない（必須脂肪酸）．そのような脂肪酸をあげなさい．

(4) ペントースリン酸回路はNADPHの供給源として重要であるが，核酸の合成にも関係している．ペントースリン酸回路が核酸の合成とどのように関連しているか．図9・4を見て考えなさい．

10. 光合成（炭酸固定）と窒素固定

植物は**光合成**によって二酸化炭素 CO_2 から糖を合成することができる（**炭酸同化作用＝二酸化炭素の固定**）．CO_2 は炭素の最も酸化された形なので，糖を作るにはこれを還元しなければならない．このとき還元剤として用いられるのは NADPH である．

植物は光のエネルギーを使って $NADP^+$ を還元して NADPH を生成し，同時に必要な ATP も合成する．これが**光合成電子伝達反応**である．

10・1 光合成電子伝達反応

植物の大きな特徴は光合成を行うことである．光合成は**葉緑体**（図 10・1）で行われる．古細菌がその昔（数億年前に）バクテリアを取り込んで真核生物が誕生し，バクテリアはミトコンドリアとなって共生したと考えられているが，葉緑体の起源も現存する光合成細菌，シアノバクテリアのようなバクテリアが侵入または取り込まれてできた細胞小器官であると考えられている．

葉緑体にはチラコイドという膜状の構造があり，ここに光合成のエネルギー生産系が含まれている．

光合成のあらまし

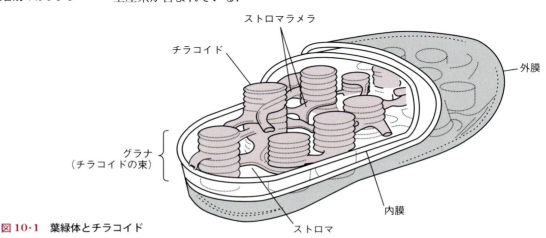

図 10・1　葉緑体とチラコイド

チラコイド膜上のエネルギー生産系はミトコンドリアの電子伝達系（8章）に似ていて，大まかにはその逆反応のようになっている．ミトコンドリアの電子伝達系が酸化的リン酸化とよばれるのに対して，この光合成の電子伝達系によるATP（およびNADPH）の産生は光のエネルギーを使うので「**光リン酸化**」とよばれている．光化学系II（歴史的理由でこうよばれる）と光化学系Iは複数のクロロフィル分子を含むタンパク質複合体である．

図10・2は横軸に電子伝達の方向，縦軸に酸化還元電位（エネルギーレベルと考えればよい）をとったもので，まず，光化学系II（P680）が光を吸収すると，以下のように水分子が分解され，4個の電子が取り出されてO_2が放出される（水を分解する酵素はまだよくわかっていない）．こうして生じた電子はエネルギーの高い（酸化還元電位の低い）状態にあり，プラストキノン（Q_A，Q_B，QH_2），シトクロム bf 複合体，プラストシアニン（PC）を経て光化学系Iに達する．この間，シトクロム bf 複合体は反応に共役して外から水素イオン（プロトン）を取り込んで，チラコイド内腔に送り込む．この水素イオンは，ミトコンドリアの電子伝達系と同じようにチラコイド膜内外に水素イオンの濃度勾配を形成し，この濃度勾配のエネルギーを利用してATP合成酵素によっ

＊10-1　植物とバクテリアの類似点
バクテリアの培養にはふつう培養液にアミノ酸を加えるが，必須ではない．実際，大腸菌には必須アミノ酸は存在しない．植物とバクテリアはすべてのアミノ酸を自身で合成することができるという点で類似している．ヒトなどの高等動物は進化の過程で一部のアミノ酸の合成経路を失ったものと考えられる．

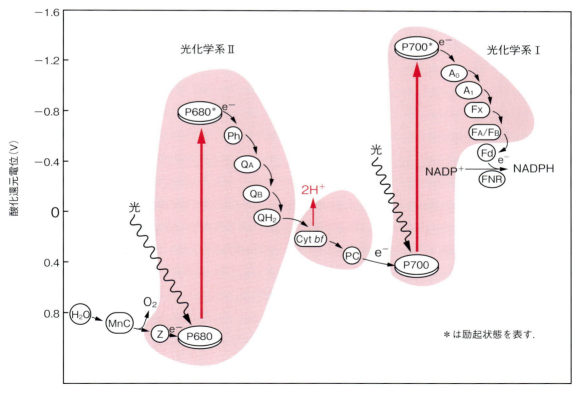

図10・2　光化学系IIと光化学系I

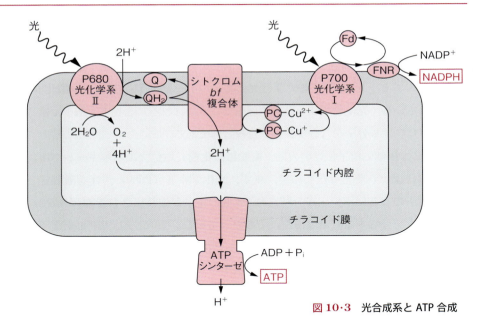

図 10·3　光合成系と ATP 合成

てATPが産生される（図10·3）．

　さて，光化学系Ⅰ（P700）のクロロフィルに伝達された電子は，光によって励起されてフェレドキシン（Fd）を経てNADP還元酵素（FNR）に渡され，NADP$^+$を還元してNADPHを生じる．こうして生じたNADPHとATPが炭素固定に使われる．

　なお，ミトコンドリアでは水素イオンを内膜と外膜の間に汲み出すのに対し，葉緑体ではチラコイドの外から内へ水素イオンを組み入れ，ATPは水素イオンを外に放出する過程でADPから合成される．

★　水栽培　★

　植物の水栽培を行った経験のある人は多いと思う．チューリップのような球根を水栽培用のガラス容器に入れ，根を水に浸す．水の中に入れなければならない成分は何だろうか？　動物は炭素を含む食物を食べなければ生きて行くことはできないが，植物は空気中のCO$_2$を炭素源として取り込むことができるので有機化合物を与える必要がない．しかし，タンパク質を構成するアミノ酸には窒素Nが含まれており，またシステインやメチオニンのようなアミノ酸には硫黄Sが含まれている．また核酸を構成するヌクレオチドにはリンPが必須である．これらの元素，すなわち窒素N，硫黄S，リンPはNO$_3^{2-}$，SO$_2^{2-}$やPO$_4^{3-}$のようなアニオンとして，また細胞内外になくてはならないナトリウムイオンNa$^+$やカリウムイオンK$^+$はカチオンとして水に加えられる．さらに，鉄Fe^{2+}またはFe^{3+}，マンガンMn^{2+}，亜鉛Zn^{2+}などの金属イオンも必要で，液肥として知られるハイポニカなどにはこれらの成分が含まれている．

10・2　二酸化炭素の固定

空気中から気孔などを通して取り込まれた二酸化炭素は炭酸固定回路に取り込まれる．この回路が1回りすると，計3分子の CO_2 が取り込まれて1分子の三炭糖の**グリセルアルデヒド 3-リン酸**が生じる（図 10・4）．こうして生じた糖は最終的にはグルコースの重合体である**デンプン**として貯蔵される．NADPH を合成する反応と異なって，糖を合成する反応回路は光を必要としないので**暗反応**ともよばれる．

炭酸固定回路は**還元的ペントースリン酸回路**，または発見者の名前を取って**カルビン回路**ともよばれる．カルビン回路で，はじめに二酸化炭素と反応するのはリブロース 1,5-ビスリン酸で，この反応を触媒するのが**リブロース 1,5-ビスリン酸カルボキシラーゼ・オキシゲナーゼ**（RuBisCO；ルビスコと読む）

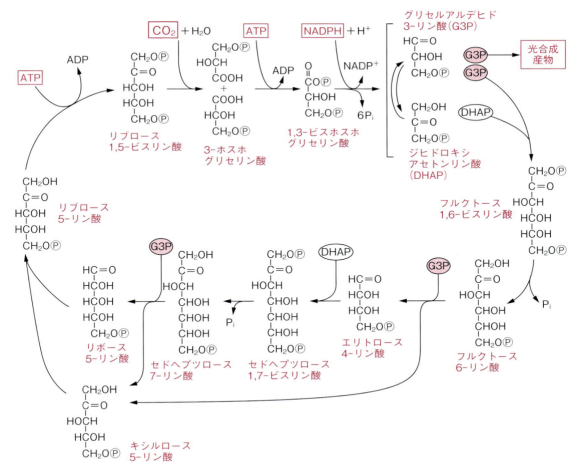

図 10・4　還元的ペントースリン酸回路（光合成暗反応）

である．二酸化炭素を結合したリブロース 1,5- ビスリン酸は開裂して 2 分子の 3- ホスホグリセリン酸を生じる．この回路の反応の総計は下記のようになる：

$$3\ CO_2 + 9\ ATP + 6\ NADPH + H_2O \longrightarrow$$
$$グリセルアルデヒド 3\text{-}リン酸 + 8\ P_i + 9\ ADP + 6\ NADP^+$$

ここで利用される ATP と NADPH は光合成電子伝達反応で産生されたものである．

　グリセルアルデヒド 3- リン酸は解糖系に入り，糖新生系によって**フルクトース 6- リン酸**と**グルコース 1- リン酸**になる．グルコース 1- リン酸は糖ヌクレオチド UDP- グルコースとなって**デンプン**や**セルロース**が合成される（図 8・1 参照）が，一部はフルクトース 6- リン酸と結合して**スクロース（ショ糖）**になる．動物の体内ではグルコースが血中を運搬されるように，植物ではスクロースが維管束を通して細胞間を輸送される．

★　**C_3 植物と C_4 植物**　★

リブロース 1,5- ビスリン酸カルボキシラーゼ・オキシゲナーゼ（RuBisCO）はその名の通り，オキシゲナーゼ活性をもっていて，光呼吸という過程によって，作った糖を無駄に消費してしまう．このオキシゲナーゼ活性は二酸化炭素と酸素濃度の比に影響され，二酸化炭素濃度が低いと起こりやすい．

　トウモロコシやサトウキビなどの植物は特殊な二酸化炭素濃縮機構によって二酸化炭素濃度を上げ，光呼吸のレベルを低下させている．これらの植物では，取り込まれた CO_2 はいったん三炭糖のホスホエノールピルビン酸に結合して四炭糖のオキサロ酢酸を生じるため，**C_4 植物**とよばれている（C_3 植物では三炭糖のグリセルアルデヒド 3- リン酸を生じる）．

　また，サボテンなど CAM 植物とよばれる高温乾燥地帯の植物は，基本的には C_4 植物と同じだが，厳しい自然環境で生き残るために異なる機構を発達させている．これらの植物は水分の放出を避けるために昼間は気孔を閉じようとする傾向があり，夜になって CO_2 を取り込む．CAM 植物が上記の C_4 植物と異なるのは，通常の C_4 植物でははじめに CO_2 を取り込む細胞とカルビン回路を行う細胞が異なるのに対して，CAM 植物では同じ細胞が夜間と昼間とで反応を変えて行う点にある．

10・3　窒素の固定

　タンパク質も核酸も窒素を含んでいるが，これらを含めて，生物を構成する分子中の窒素はすべて大気中の N_2 に由来している．窒素 N_2 は大変安定な分子なので，普通の生物はこれを利用することができない．炭酸固定と同じように，N_2 を還元または酸化することを**窒素固定**とよんでいる．

10・3 窒素の固定

地球上の窒素固定量は年間2億トンといわれている．そのうち，75%の1億5000万トンは生物による窒素固定であって，残りの5000万トンが化学肥料である．

窒素固定能力のある生物は細菌やラン（藍）藻などのうちの限られたもので，単生の細菌もあるが，とくにマメ科植物の根に共生する根粒バクテリアが重要である．

根粒バクテリアなどの窒素固定菌は**ニトロゲナーゼ**をもっている．ニトロゲナーゼは以下の反応を触媒する：

$$N_2 + 8H^+ + 8e^- + 16\,ATP + 16\,H_2O \longrightarrow 2NH_3 + H_2 + 16\,ADP + 16\,P_i$$

レンゲソウ（ゲンゲ）
（写真提供：ピクスタ）

ニトロゲナーゼは，鉄-硫黄クラスターをもつ鉄タンパク質（分子量5.5万）とモリブデン-鉄タンパク質（分子量22万）からなる．このように微生物で固定されたアンモニアは，土壌中のある種の硝化細菌によって亜硝酸イオンに酸化される：

$$NH_4^+ + (3/2)O_2 \longrightarrow NO_2^- + 2H^+ + H_2O$$

この反応で1分子のアンモニアから4分子のATPが合成されると考えられる．別種の硝化細菌はこれをさらに酸化して硝酸イオンを生成する：

$$NO_2^- + (1/2)O_2 \longrightarrow NO_3^-$$

この反応で1分子のNO_2^-から1分子のATPが合成される．こうして生じた亜硝酸イオンや硝酸イオンは植物に吸収され，そこで再びアンモニアに還元された上，アミノ酸などの合成に利用される．亜硝酸イオンや硝酸イオンの一部は脱窒菌によって還元されて窒素分子N_2となる（図1・6参照）：

$$NO_3^- \rightarrow NO_2^- \rightarrow NO \rightarrow N_2O \rightarrow N_2$$

脱窒量は地球全体で窒素固定量と同程度と考えられている．このバランスが崩れて脱窒が減少すると，水系の富栄養化，N_2Oの発生によるオゾン層の破壊などの環境汚染問題が生じる[*10-2]．

なお，哺乳類などが排泄する尿素は微生物や高等植物に吸収され，ウレアーゼによってアンモニアとなる：

$$O=C(NH_2)_2 + H_2O \longrightarrow H_2CO_3 + 2NH_3$$

[*10-2] 水系の富栄養化といえば，有機リン系の洗剤が問題になっている．有機リンを含む洗剤などが河川，湖沼，近海に流れ込み，水系の富栄養化をもたらすと，とくに微生物の活動を増大させ，赤潮を発生させたり，その結果，溶存酸素が減少して魚介類の窒息死を招いたりすることがある．

トピックス．二酸化炭素濃度の推移

地球上の二酸化炭素濃度の増加が地球温暖化の原因として問題になっている．地球上に CO_2 濃度が増加し始めたのは 17 世紀後半の産業革命以後で，当時大気中の CO_2 濃度は 280 ppm 前後であった．ところが，それ以後増加を続け現在では 350 ppm になって，毎年 1 ppm の速さで増加している．主な原因は言うまでもなく，増大の一途をたどる工業で利用する燃料が，主として化石有機物に頼っているためである．

二酸化炭素がなぜ温暖化につながるかというと，これが温室効果をもたらすからだ．太陽からは広い範囲の波長の電磁波が光として地表に到達する．光として到達し，地表を暖めることに関しては二酸化炭素の濃度はあまり影響しない．しかし，暖まった地表から熱が放散する場合には，二酸化炭素の遮蔽効果が無視できなくなる．

練習問題

(1) 植物は何の目的でグルコースを合成するか．考えられる理由を 2 つ述べなさい．

(2) 植物，草食動物，ヒト，バクテリアがそれぞれ炭素の循環，窒素の循環，リンの循環に関してどのように依存しあっているかを考えて答えなさい．

(3) $^{14}CO_2$ を二酸化炭素として与えたとき，生成するフルクトース 1,6-ビスリン酸のどの位置の炭素が ^{14}C であると考えられるか．また，それはすべてのフルクトース 1,6-ビスリン酸分子でそうなっているか．

(4) 窒素固定菌は嫌気的条件下でグルコースを主たる栄養源として生育する．この菌が 6 分子の窒素をアンモニアに変換するために必要な ATP を得るのに，何分子のグルコースが必要か．

11. DNA の複製と遺伝情報の発現

　DNA に刻まれている遺伝情報は基本的にはタンパク質の一次構造情報であると言ってよい．ここでは遺伝子の塩基配列からタンパク質が生成するまでの過程の概略を述べる．

11・1　DNA の複製

　細胞の分裂が起こるのに先だってまず DNA が複製されなければならない．
　DNA の複製は **DNA ポリメラーゼ**という酵素によって触媒される．バクテリアの DNA ポリメラーゼは表 11・1 に示すように 3 種類あり，このうち，通常の複製を行うのは DNA ポリメラーゼⅢである．最初にアーサー・コーンバーグ（Arthur Kornberg）によって発見された DNA ポリメラーゼは **DNA ポリメラーゼⅠ**であったが，これは後に修復酵素であることがわかった．

表 11・1　大腸菌の DNA ポリメラーゼ

種類	遺伝子	分子量	ホスホセルロース・カラムからの溶出	細胞当り分子数	エキソヌクレアーゼ $3' \to 5'$	エキソヌクレアーゼ $5' \to 3'$	細胞内の機能
Ⅰ	polA	10.9 万	0.15 M リン酸で溶出	400	＋	＋	DNA の修復，複製（部分的）
Ⅱ	polB	12 万	0.25 M リン酸で溶出	100	＋	－	DNA の修復
Ⅲ	dnaE	18 万	0.1 M リン酸で溶出	10	＋	－	複製（鎖延長の大部分）

　図 11・1 に示すように，DNA ポリメラーゼは二本鎖 DNA を半保存的に複製していく．その際，この酵素はデオキシリボヌクレオシド三リン酸を基質とし，元の DNA を鋳型として $3'$ の位置にヌクレオチドを結合して鎖を伸長させる．

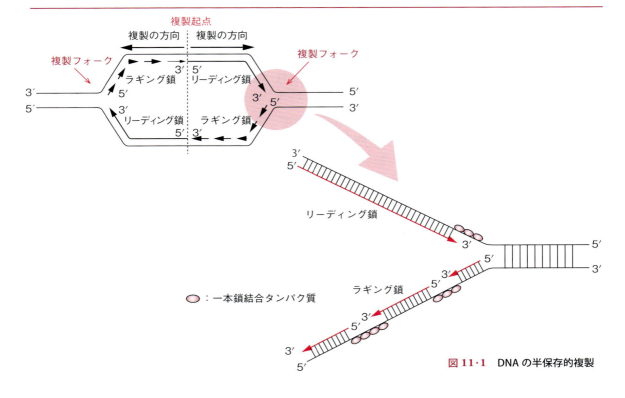

図 11・1　DNAの半保存的複製

$$\text{DNA}\ (n\ \text{ヌクレオチド}) + \text{dNTP}$$
$$\longrightarrow \text{DNA}\ (n+1\ \text{ヌクレオチド}) + \text{PPi}\ (\text{ピロリン酸})$$

すなわち，ヌクレオチドの合成は 5′ 端から 3′ 端に向かって進んでいく．問題は相補鎖である．DNA ポリメラーゼには逆の方向に合成する活性はない．そうすると，5′ 端から 3′ 端に向かって合成する方は連続して合成を進めていくことができるが，3′ 端から 5′ 端へは同じようには合成できない．では，そちらの鎖はどうなるかというと，反応はやはり 5′ 側から 3′ 側に向けて起こる．このとき，合成は 1000 ヌクレオチドから 2000 ヌクレオチドほどずつ不連続的に起こる．この短い断片は発見者の名前を取って**岡崎フラグメント**とよばれている．このとき，二本鎖がほどかれて合成が始まる部分を**複製フォーク**という．

また，反応が連続的に進む鎖を**リーディング鎖**，岡崎フラグメントとして不連続的に合成する鎖を**ラギング鎖**とよんでいる．

さて，DNA 複製の反応開始はどのように起こるのだろうか．複製はどこからでも開始されるわけではなく，**複製起点**とよばれる，A と T の多いある特別な塩基配列をもったところで始まる．原核生物は環状のゲノム DNA をもっていて，たとえば大腸菌では全長 450 万塩基対の中に 1 か所しかない．これに対

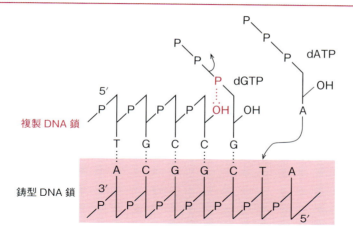

図 11·2　DNA ポリメラーゼはプライマーを必要とする
DNA ポリメラーゼが反応を開始するためにはプライマー DNA の 3′ 末端の OH が必要である．図では dGTP が取り込まれ，ピロリン酸がはずれてホスホジエステル結合が形成されようとしている．この後，dATP が取り込まれる．

して，真核生物の DNA はこの 1000 倍もの長さをもつが，複製起点は 3 万から 30 万塩基対ごとにある．

　DNA ポリメラーゼは後述する RNA ポリメラーゼと違って，プライマーを必要とする．プライマーというのは，DNA ポリメラーゼが最初にヌクレオチドを結合するために必要とする 3′ 端を提供するオリゴヌクレオチドである（図 11·2）．DNA ポリメラーゼは複製起点に結合すると，DNA ポリメラーゼと協同して働くプライモソームというタンパク質複合体によって**プライマー RNA** を合成する．

　各岡崎フラグメントが合成されるにあたってプライマーを合成するのも，同じプライモソーム複合体に含まれている**プライマーゼ**という酵素である．この短い RNA はすぐ後で **RNaseH** という RNA 分解酵素によって除去され，DNA ポリメラーゼ I によって修復され，さらに **DNA リガーゼ**によって隣の岡崎フラグメントと結合する．大腸菌 DNA リガーゼは NAD^+ を補酵素として要求し，結合反応に伴って NAD^+ は NMN（ニコチンモノヌクレオチド）と AMP に分解する．

$$\text{DNA（未結合）} + NAD^+ \xrightarrow{\text{DNA リガーゼ}} \text{DNA（結合）} + NMN + AMP$$

　図 11·1 ではリーディング鎖とラギング鎖の反応は空間的に離れたところで起こっているように見えるが，実は図 11·3 に示すように，複製フォークのと

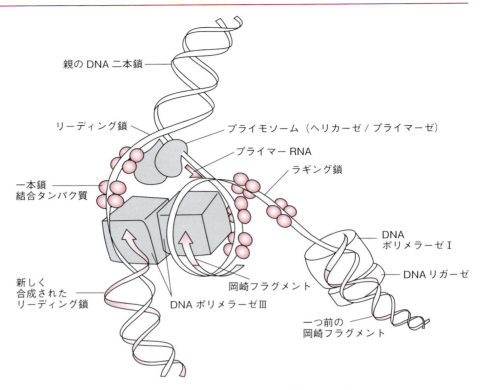

図 11・3 複製フォークでの DNA ポリメラーゼ

ころでプライモソームと DNA ポリメラーゼⅢとの共同作業によって触媒されている．ちょっとややこしいので，図をよく見てほしい．

プライモソームは DnaB，DnaC をはじめとする 6 種類のヘリカーゼとプライマーゼ（DnaG）から構成されており，ヘリカーゼが複製フォークにおいて一本鎖の領域を広げると，そこに**一本鎖 DNA 結合タンパク質（SSB）**が結合して一本鎖を安定化する．次に，プライマーゼによって短い RNA が合成されるとこれがプライマーとなって DNA 合成が開始される．

DNA ポリメラーゼと，以下に見る RNA ポリメラーゼとの大きな違いは，DNA ポリメラーゼがプライマーを必要とするのに対して，RNA ポリメラーゼはこれを必要としない点である．プライマーは重合するヌクレオチドが結合する 3′ 末端を提供する役目を果たしている．

以上のような複製の機構は，基本的には真核生物でも同様である．真核生物では DNA ポリメラーゼ α, β, γ が知られており，α は核内に存在して複製と修復を行う．β は核内の修復専用酵素である．これに対して，γ はミトコンドリア DNA の修復を行う．

複製は化学反応としては大変正確な反応であって，間違ったヌクレオチド

を取り込む確率は物理化学的な機構から予想されるよりずっと低い．これは，DNAポリメラーゼが修復能をもっているからである．すなわち，DNAポリメラーゼは$3' \to 5'$エキソヌクレアーゼ活性をもっていて，誤ったヌクレオチドを取り込んだ場合には，これを取り去って正しい相補的なヌクレオチドを入れ直すようになっている．

真核生物の場合，原核生物と違って細胞周期の特定の時期にのみ複製が起こる．細胞周期はG_1, S, G_2, Mに分かれ，分裂の準備期間であるG_1を経てS期でDNA複製が起こり，M期に細胞は分裂する（図11・4）．

▶ DNA 塩基配列の決定法

DNAポリメラーゼ，DNAリガーゼが出てきたところで，DNAの塩基配列決定法について述べておく．

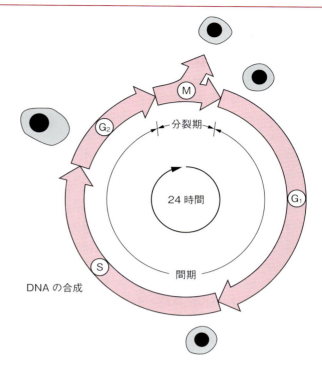

図 11・4 細胞周期と DNA の合成

DNAの塩基配列の決定法は，タンパク質の一次構造の決定法とはまったく異なる原理に基づいている．もっともよく用いられるのは**ジデオキシヌクレオチド鎖伸長停止法**で，この方法では一本鎖DNAにプライマーとなるDNA断片を結合させた後，DNAポリメラーゼを用いて相補鎖の伸長反応を行う．そのとき，反応の基質として加えるデオキシヌクレオチドの中に少量のジデオキシヌクレオチド（リボースの$2'$および$3'$位のヒドロキシ基が水素で置き換えられている：図11・5）を混ぜておく．ジデオキシヌクレオチドは$3'$位にヒドロキシ基を欠いているために，このヌクレオチドが取り込まれるとポリメラーゼによる相補鎖の伸長が阻害される．

そこで，反応液を4つに分けて，それぞれに基質として4種類の通常のデオキシヌクレオチドと共に少量の1種類のジデオキシヌクレオチドを加えておく．そうすると，たとえばジデオキシヌクレオチド（ddNTP）として少量のジデオキシシチジル酸（ddCTP）を入れたものでは，ある確率で，シトシン（C）のところにddCTPが挿入されて

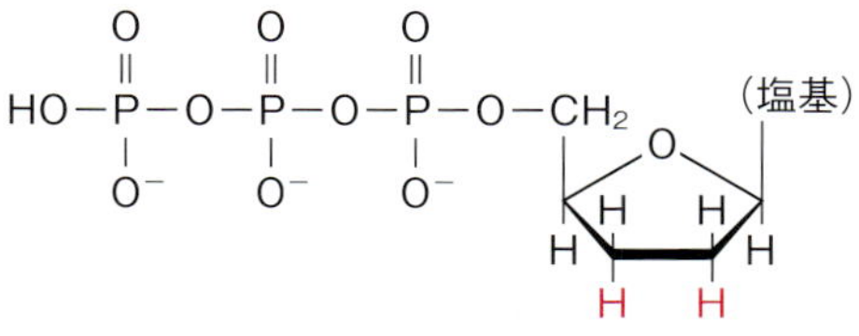

図 11・5 ジデオキシヌクレオチドの構造

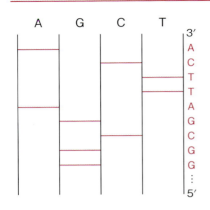

図 11・6 ジデオキシヌクレオチド伸長法

伸長反応が止まってしまう．こうしておいてから，電気泳動で反応生成物を分離する．この方法ではヌクレオチド1個の長さの違いで分離できる分解能の高い電気泳動が用いられる．

図11・6でたとえばCのレーンは，ddCNPを含むのですべてのバンドは伸長反応がCで止まったものである．そこで，泳動距離の長い（下の方の）バンドから図のようにGGCGAT・・・・と読んでいくことによって，5′端方向から3′端方向に向かって塩基配列を決めていくことができる．1回の電気泳動で300塩基ほどの配列を決定できる．

なお，通常，反応溶液中の4つのデオキシヌクレオチドのうち1つをα位のリン（糖に一番近いリン）原子がアイソトープ^{32}Pで標識されたものを用い，電気泳動後にオートラジオグラムをとる（写真フィルムに感光させる）ことによって可視化する．

11・2　DNAの修復

前節で述べた，誤って取り込んだヌクレオチドを除去して正しいヌクレオチドを入れ直す作業も修復といえるが，壊れたDNAを修理するような修復もある．

私たちの遺伝子を構成するDNAは紫外線や種々の変異原性物質によって傷害を受ける危険にさらされている．たとえば，DNAは塩基配列中，ピリミジンが2つ並ぶところ，とくにチミンが2つ並ぶところでは，紫外線が照射されると，**チミン二量体（チミンダイマー）**が生じる（図11・7）．これをそのままにすると複製の過程で障害が起こって変異を生じることになる．細胞にはこのチミン二量体を認識して除去し，修復する機構が備わっている（図11・8）．

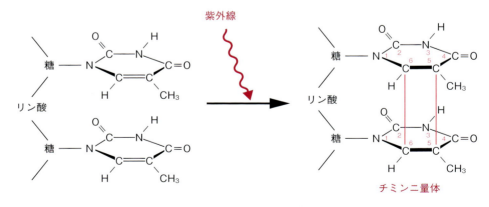

図 11・7 チミン二量体の生成

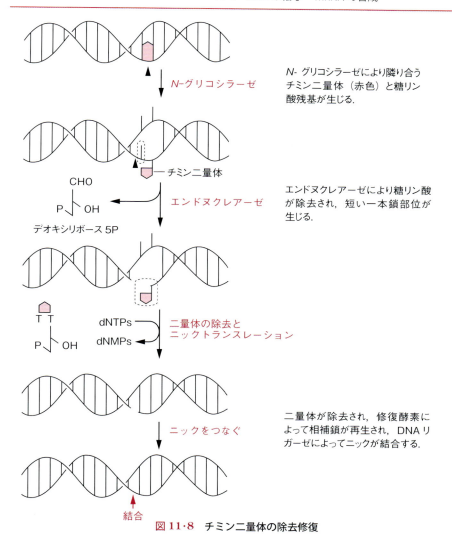

図 11・8 チミン二量体の除去修復

　最も一般的な修復過程は，DNA 中に存在するチミン二量体を認識してその近くに切れ目を入れるエンドヌクレアーゼが働き，ついでエキソヌクレアーゼの作用により，チミン二量体を含むヌクレオチドが DNA から切り出される．この結果，生じたギャップは DNA ポリメラーゼによって修復される．最後に DNA リガーゼによって切れ目がつなぎ合わされて修復が完了する．

11・3　DNA の転写 − mRNA の合成 −

　染色体上の遺伝子を見ると，真核生物では DNA 上の遺伝子の密度は低く，「遺伝子は砂漠に点在するオアシスのようである」といった人がいるくらいである．実際，大腸菌の遺伝子は約 3000 個，ヒトでは約 10 万個あり，ヒトは大腸菌の

30倍強であるが，遺伝子の長さは前者が4.7×10^6塩基対であるのに対して，後者では3×10^9で1000倍もあり，タンパク質をコードしていない部分が多いことを示している．

さらに，個々の真核生物では遺伝子内に，タンパク質として翻訳されない部分がある．この部分はイントロン（分断遺伝子）とよばれ，遺伝子はしばしば多数のイントロンによって分断されていて，タンパク質をコードしている領域（エクソン）よりイントロンの総計の長さの方が長いこともある．

転写はDNAの遺伝情報がRNAにコピーされる過程で，RNAポリメラーゼにより触媒される．RNAポリメラーゼは大腸菌では$\alpha_2\beta\beta'\sigma$という5つのサブユニットからできており，**ホロ酵素**（ホロ holo は「完全な」という意味の接頭辞）とよばれる．このうち，**σ（シグマ）因子**を除いたものを**コア酵素**とよんでいる（表11・2）．σ因子は**プロモーター**とよばれる転写開始シグナルを認識し，正しい位置から転写を開始させる．大腸菌のσ因子は3種類あるが，通常の転写を制御しているのはσ70である．σ70は613個のアミノ酸からなる分子量7万のタンパク質である．

表11・2 大腸菌RNAポリメラーゼのサブユニット構成

サブユニット	分子量	サブユニット数	機　能
α	36,500	2	転写開始
β	151,000	1	転写開始と伸長
β'	155,000	1	DNA結合
σ	70,000	1	プロモーター認識
ω	11,000	1	不明

プロモーターは転写開始点から約10塩基対（－10領域）および約35塩基対（－35領域）上流の塩基配列である．RNAポリメラーゼは細長い形状をした酵素で，この両者の列を同時に認識する（図11・9）．－10領域は原核生物では**プリブナウ（Pribnow）配列**，真核生物では**TATAボックス**とよばれる．

プロモーターに結合したRNAポリメラーゼは，リボヌクレオシド三リン酸を基質として$5' \to 3'$の方向に**メッセンジャーRNA（mRNA）**を合成する．DNAの合成と同様に，ヌクレオシド三リン酸はRNAに取り込まれる際にピロリン酸を遊離する．細胞内にはピロリン酸を正リン酸に分解する酵素**ピロホスファターゼ**があり，DNAやRNAの合成反応を促進している．

転写終結点付近にはしばしば図11・10のようなヘアピン構造とそれに続く連続したUが存在し，この構造のために合成反応が終結する．また，遺伝子によっ

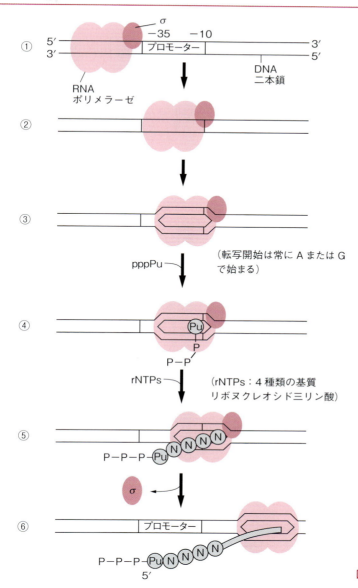

図 11・9 プロモーターと転写開始点

ては，ρ（ロー）因子とよばれる転写終結タンパク質が関与しており，ρ因子は一本鎖 RNA に結合し，RNA − DNA 二本鎖をほどく**ヘリカーゼ**の機能をもっていると考えられていて，弱い ATP アーゼ活性がある．

原核生物では機能の関連した遺伝子が並んでいて，1 つのプロモーターによって転写が制御されていることが多い．このような場合に，これらの遺伝子は**オペロン**を構成している，という．オペロンによってはリプレッサー（抑制タンパク質）によって転写が制御されているものがある．

そのようなオペロンでよく知られているのは**ラクトースオペロン**である．

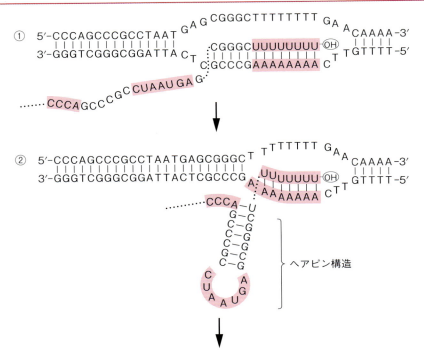

図 11·10 転写の終結

ラクトースオペロンの構造を図 11·11 に示す．ラクトースオペロンは *lacZ* (β-ガラクトシダーゼ＝ラクトースの加水分解)，*lacY* (ラクトースパーメアーゼ＝ラクトースの細胞内への取り込み)，*lacA* (β-ガラクトシドトランスアセチラーゼ) の３つの関連した遺伝子を含んでいて，まとめて発現の調節を受けている．

ラクトースオペロンのプロモーターのすぐ下流にはオペレーターというリプレッサー結合部位があり，ここにリプレッサーが結合しているとプロモーターに RNA ポリメラーゼが結合できなくて転写が起きない．そこにインデューサー (誘導物質) とよばれる低分子が結合すると，リプレッサーはオペレーターへの親和性を失って DNA から離れる．そうすると RNA ポリメラーゼが結合で

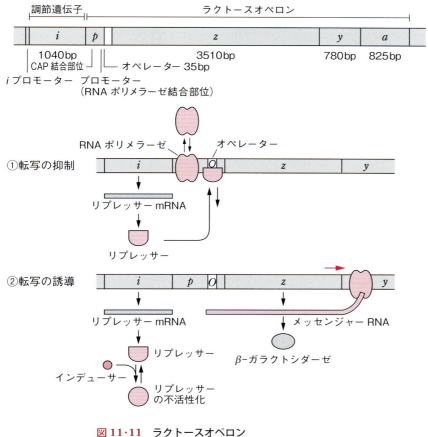

図 11・11 ラクトースオペロン
 i：リプレッサー遺伝子，z：β-ガラクトシダーゼ遺伝子，
 y：パーミアーゼ遺伝子，a：アセチラーゼ遺伝子

きるようになって転写が開始されるわけである．ラクトースオペロンの場合はラクトースが誘導物質である．ラクトースと似た IPTG（イソプロピルチオガラクトシド）という化合物も誘導物質となる．

このラクトースプロモーターはタンパク質工学でもプラスミドに組み込まれ，IPTG を使って遺伝子の発現を誘導するのに利用されている．tac プロモーターというのがそれである．

真核生物の転写の際立った特徴は**スプライシング**という過程があることである．核内で転写された mRNA はスプライシングによって**イントロン**が除かれる（図 11・12）．スプライシングの機構の1つが図 11・13 に示されている．これはⅡ型スプライシングという機構で，アメリカのチェクが 1987 年，この反応が mRNA 自身によって触媒されていることを見いだした．すなわち，リボ

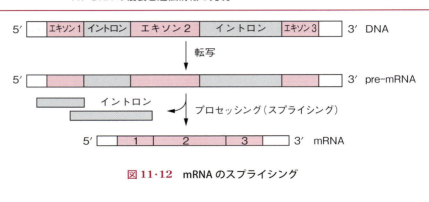

図 11・12 mRNA のスプライシング

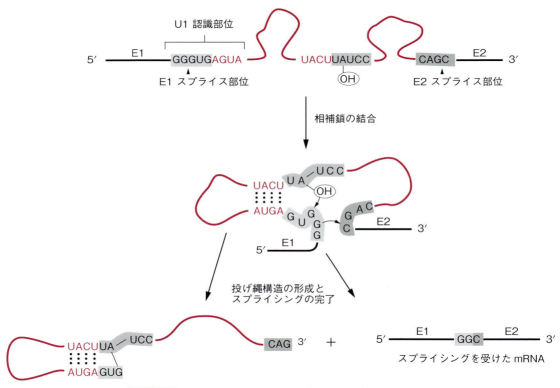

投げ縄構造　　図 11・13 スプライシングの機構の例

ザイムの発見である（3 章 p.41 トピックス参照）.

　こうしてでき上がった mRNA の 3′ 末端から数十塩基のところには AAUAA という配列があり，ここから 10〜30 塩基下流で切断されると，ここにポリ A テイルとよばれる約 200 塩基のアデニル酸が付加される．さらに，5′ 末端にはキャップ構造が付加される（図 11・14）．7-メチルグアノシンが逆向き，すなわち 5′ 末端で結合していることに注意してほしい．こうして完成した mRNA は核から細胞質に移って翻訳が始まる．

図 11・14 真核生物 mRNA のキャップ構造

原核生物では個々の遺伝子はひとつながりになっていて通常イントロンは存在しない．真核生物と違って転写の開始と同時に翻訳も開始する（11・5 節）．

★ タバコモザイクウイルス（TMV）の構造形成 ★

TMV の構造形成に関する初期の研究では，コートタンパク質は RNA の 5′ 末端から結合すると考えられていた．これは TMV の RNA が 5′ 末端から 3′ 末端までリン酸化されていない通常の構造を想定していたためだった．その場合には，TMV RNA を過ヨウ素酸酸化した後，NaB_3H_4 で還元すると，3′ 末端だけがラベルされるはずだと考えられたことによる．しかし，1975 年 TMV の 5′ 末端が mRNA と同じキャッピング構造によってブロックされていることが発見されて，事情が一変した．最終的には，構造形成は 5′ 末端でも 3′ 末端でもなく，3′ 末端から 13 % のところから始まり，図に示すように，まず，3′ 末端方向に進み，3′ 末端までコートタンパク質が結合し終わった後に，開始点から 5′ 末端方向への集合が始まる．

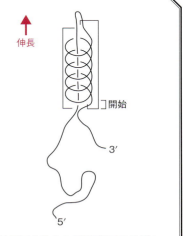

図 伸長反応途中の TMV 粒子のモデル
(Lebeurier et al., 1977)

11・4　遺伝暗号と転移 RNA

　mRNA はタンパク質をコードする部分とそれを制御する部分からなり立っている．タンパク質をコードする部分は**コドン**とよばれる 3 つの塩基（ヌクレオチド）の組が 1 つのアミノ酸を指定しており，開始コドンから始まって終止コドンまでコドンがつなぎ合わされた形になっている．

　表 11・3 にコドンとアミノ酸の対応表を示してある．**開始コドン**は AUG でメチオニンと決まっている．コドン表の中にアミノ酸に対応していないものが 3 つある．UAA，UAG，UGA の 3 つで，これらの**終止コドン**でポリペプチドの合成が終わる．

　メチオニンはポリペプチド鎖の途中にも存在するので，これでは途中から始まってしまわないかと思われるかもしれないが，後述するように，リボソームは開始コドンの数塩基上流にあるリボソーム結合部位に結合するので，途中からタンパク質合成を開始することはない．

　さて，アミノ酸は**転移 RNA（tRNA）**に運ばれて mRNA 上のリボソームまで運ばれる．tRNA の構造は図 3・10 に示してある．図の下方のアンチコドン

表 11・3　コドンとアミノ酸の対応表

2 番目の塩基

		U	C	A	G	
1番目の塩基	U	UUU　Phe UUC　〃 UUA　Leu UUG　〃	UCU　Ser UCC　〃 UCA　〃 UCG　〃	UAU　Tyr UAC　〃 UAA〔stop〕 *UAG〔stop〕	UGU　Cys UGC　〃 UGA〔stop〕 UGG　Trp	U C A G
	C	CUU　Leu CUC　〃 CUA　〃 CUG　〃	CCU　Pro CCC　〃 CCA　〃 CCG　〃	CAU　His CAC　〃 CAA　Gln CAG　〃	CGU　Arg CGC　〃 CGA　〃 CGG　〃	U C A G
	A	AUU　Ile AUC　〃 AUA　〃 AUG　Met	ACU　Thr ACC　〃 ACA　〃 ACG　〃	AAU　Asn AAC　〃 AAA　Lys AAG　〃	AGU　Ser AGC　〃 AGA　Arg AGG　〃	U C A G
	G	GUU　Val GUC　〃 GUA　〃 **GUG　〃	GCU　Ala GCC　〃 GCA　〃 GCG　〃	GAU　Asp GAC　〃 GAA　Glu GAG　〃	GGU　Gly GGC　〃 GGA　〃 GGG　〃	U C A G

※右端は3番目の塩基

＊ 3 つの終止コドンのうち UAG はアンバーコドンとよばれる．
＊＊ GUG はまれに開始コドンとしても用いられる．

はmRNA上のコドンに相補的になっていて，ここを介して結合する．

アミノ酸はtRNAの3′末端のCCAという配列の最後のAの2′末端または3′末端のOHにカルボキシ基を介してエステル結合を形成している（2′と3′の間で動的平衡にある）．tRNAにアミノ酸を結合させる酵素はアミノアシルtRNA合成酵素（ARS）とよばれる．ARSは次の二段階の反応を触媒する：

$$\text{NH}_2\text{-CH(R)-COOH} + \text{ATP} \longrightarrow \text{NH}_2\text{-CH(R)-CO-AMP} + \text{PP}_i$$

$$\text{NH}_2\text{-CH(R)-CO-AMP} + \text{tRNA} \longrightarrow \text{アミノアシル tRNA} + \text{AMP}$$

コドンの数は61個あるが，tRNAの種類は大腸菌では40種類である．これは，コドンの3文字目，すなわちアンチコドンの1文字目がmRNAと完全に相補的でなくてもよいことによる．tRNAをアミノアシル化するアミノアシルtRNA合成酵素は大腸菌では20種類ある．

なお，開始コドンとして用いられるメチオニンは原核生物ではホルミルメチオニンであり，N末端となるホルミルメチオニンのホルミル基は通常，合成後に酵素によって除去される．

11·5　mRNAの翻訳－タンパク質の合成－

原核生物では複製が進行している間に転写が開始され，転写中のmRNAにリボソームが結合して翻訳も並行して進行する（図11·15）．しかし，真核生物では転写は核内で起こり，翻訳と同時には進行しない．

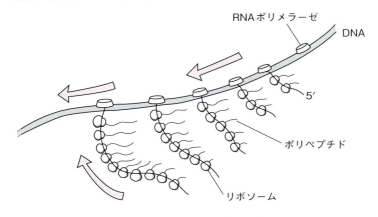

図11·15　原核生物での転写と翻訳

* 11-1 沈降係数は分子の大きさ（分子量）に依存するだけでなく，形にも依存する．同じ分子量なら球に近いものが最も沈降係数は大きく，長細いものや円盤状のものは沈降係数は小さい．50Sと30Sの粒子が結合しても70Sというように，単純な足し算にはならないことに注意．

翻訳を行う装置はリボソームである．図11・16に大腸菌のリボソームを示してある．リボソームは2つの粒子からできていて，いずれもタンパク質とRNAからできている．2つの粒子はそれぞれ50S，30Sとよばれ，50S粒子は32分子のタンパク質と2分子のRNA（23Sと5S），30S粒子は21分子のタンパク質と1分子のRNA（16S）から構成されている．50Sとか30Sというのは沈降係数[* 11-1]と言って，遠心管の中でどれだけ沈降しやすいかを表している．

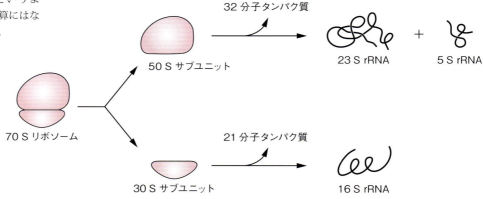

図11・16　大腸菌のリボソーム

* 11-2 リボソームは原子レベルの構造が決定され，詳細な翻訳機構が明らかにされている（2009年 ノーベル化学賞，図12・3を参照）

まず，30Sサブユニットに3つの開始因子 IF1，IF2，IF3 が結合すると，mRNAと開始コドンに対応するアミノアシル tRNA が 30S サブユニットに結合し，IF3 は離れる．次に 50S サブユニットが結合すると IF1，IF2 が離れる．このとき，IF2 に結合していた GTP は GDP と P_i に分解する．こうして，**リボソーム—アミノアシル tRNA — mRNA の複合体**が形成される（図11・17）．

リボソームには P 部位と A 部位とよばれる2つの部位があり，このときアミノアシル tRNA は P 部位に結合している．

30S リボソームの 16S rRNA の 3′ 末端の近くには・・・UCCUCC・・・という配列があり，ここが mRNA のリボソーム結合部位に相補的に結合する．この配列はピリミジンが多く，相補鎖の mRNA の配列は逆にプリンが多い．mRNA のこの部分の配列を **SD 配列（シャイン・ダルガルノ配列）** とよんでいる．

次に，2番目のコドンに対応するアミノ酸を結合したアミノアシル tRNA はまず，GTP 結合型の伸長因子 EF-Tu と結合してリボソームの A 部位に結合し，EF-Tu に結合していた GTP は加水分解し，GDP 結合型になり，EF·Tu はアミノアシル tRNA から離れる．そうすると，P 部位に結合していたアミノアシル tRNA のアミノ酸（またはペプチド）は A 部位のアミノ酸の N 末端に転移し，P 部位の tRNA は離れ，ペプチドを結合した tRNA は GTP を結合した伸長因

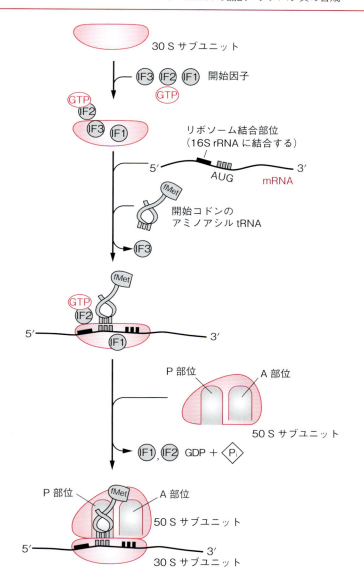

図 11・17 翻訳の開始

＊ 11-3　50 S サブユニットの A 部位，P 部位のさらに左側には E 部位がある（図 12・3 参照）.
　P 部位でポリペプチド鎖を A 部位のアミノ酸に渡した後の tRNA は E 部位からリボソームを離れる.

子 G によって P 部位に移される．このとき，EF-G に結合していた GTP は加水分解して GDP となって解離する（図 11・18）.

　3 番目のアミノ酸も同様にして結合していく．なお，GDP 型の EF-Tu が再び GTP 型になるのには別の伸長因子 EF-Ts が関与している．同様にして 3 番目以降のアミノ酸も結合していく.

　さて，翻訳の終結には遊離因子の働きが必要である．3 種類の遊離因子 RF1，RF2，RF3 と GTP が終止コドンに結合し，GTP の加水分解を伴って合

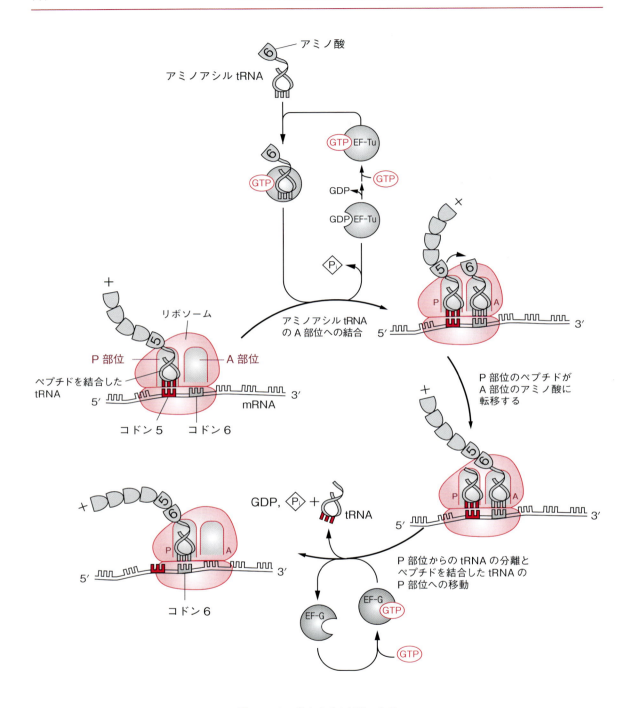

図 11・18 ポリペプチド鎖の伸長

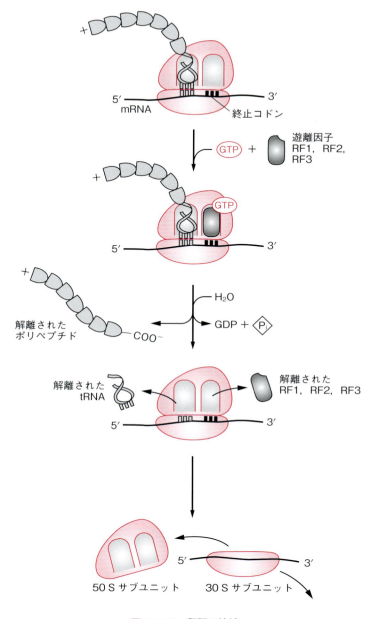

図 11・19　翻訳の終結

成されたポリペプチド, tRNA および遊離因子を解離させると, 最後に 50S サブユニットも 30S リボソームから解離する（図 11・19）.

膜結合タンパク質ではリボソームに結合している合成途中のシグナルペプチドを介してリボソームが膜に結合し, 合成されたポリペプチドは膜の内部に遊離される（図 11・20）. 膜にはシグナルペプチダーゼがあって, シグナルペプ

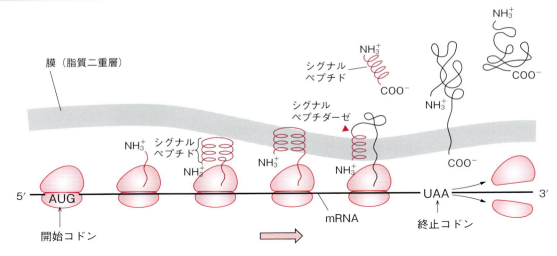

図 11・20　膜を通してのタンパク質の輸送

チドは切断される．

トピックス．遺伝子工学

　生物科学は 80 年代以降 爆発的な進歩を成し遂げたが，その推進力となったのは遺伝子をクローニングする方法の確立である．この技術の開発には，①**制限酵素の発見**，②**ベクターの開発**，③ **DNA の塩基配列決定法の確立**の 3 つの重要な発展があった．制限酵素（3・5 節参照）の発見によって，DNA から遺伝子に糊代をつけて切り出すことができるようになった．今日では 200 種類を越す制限酵素が使用可能になっている．

　プラスミドベクターはクローニングする DNA 断片を挿入して運び，細胞内で複製増幅される環状の DNA である．薬剤耐性の遺伝子をもっていて，これを利用してそのプラスミドをもった細胞を選択的に増殖させることができる．ベクターの進歩も著しく，プラスミドのほかにバクテリオファージが改良され，DNA の塩基配列決定に便利なもの，タンパク質の大量調製に便利なものなど，目的に応じて使い分けられる．

　DNA の塩基配列決定は 2 章で述べたタンパク質のアミノ酸配列決定よりずっと難しいと考えられていたが，1978 年に塩基特異的に化学的切断を行うマキサム・ギルバート法と，11・1 節で述べたジデオキシヌクレオチドを混ぜて反応を行うジデオキシヌクレオチド鎖伸長停止法（サンガー法）が開発された．現在ではジデオキシヌクレオチド鎖伸長停止法に便利な一本鎖 DNA ファージ（M13 ファージ）のベクターができて後者が一般的になっている．

★ DNAの半保存的複製 ★

DNAの構造についてはすでに述べた（3章, 図3・6, 図3・7）．DNAは一般的にはB形の二重らせん構造を取っている．この構造は，形の美しさもさることながら，この構造から必然的に生物の自己複製の基本的な機構が見えるところが素晴らしい．

ワトソンとクリック（1953）は，DNAの構造を発見した最初の論文ですでに複製機構の基本的なモデルを提出している．すなわち，DNAの半保存的複製である（図11・1参照）．このモデルでは，DNAの二本鎖がほどけ，各鎖に相補的な塩基が重合して2代目のDNAができる．この複製機構は，一方の鎖が親から来て，他方の鎖が新たに合成されたものであるという意味で**半保存的**であるといわれる．

このモデルが正しいことを証明したのが，メセルソンとスタール（1958）である．かれらは，大腸菌を^{15}Nを含む培地で何代も培養し，DNAに含まれる窒素をすべて重い^{15}Nに置き換えた．この大腸菌を通常の^{14}Nを含む培地に移して培養し，経時的にDNAを調製してそれを塩化セシウム（CsCl）を含む密度勾配遠心法によって超遠心分析機を用いて調べたのである．CsClは高速の遠心力場の中で自然と密度勾配を作り，DNAはその浮遊密度と等しい密度の位置まで移動する．

この方法は密度に関して大変感度のよいもので，はじめ1本の^{15}N含有DNAであったものが，1世代後にはそれより軽い1本のバンド，2世代後には1世代後のものと同じ密度のものとそれよりさらに軽いバンドの2本のバンドが認められた．DNAの半保存的複製はこのようにして証明された．

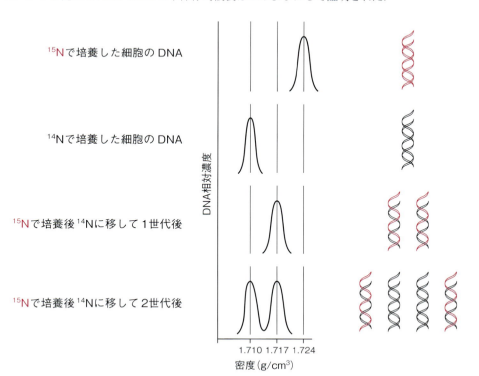

こうした遺伝子工学の発展によって，遺伝子診断や有用微量タンパク質の大量調製が可能になり，2003 年にはいわゆるヒトゲノム計画が終了し，その後，そのビッグデータを基に生体の種々の細胞におけるタンパク質の同定（プロテオーム）や疾病に関わるタンパク質の同定が進んでいる．また，機能未知のタンパク質の機能を明らかにすることによって，いわゆるタンパク医薬を探索するゲノム創薬の分野も発展している．

練習問題

(1) 試験管内に線状一本鎖 DNA の水溶液があるとする．この DNA の相補鎖を合成する反応を起こすためにはこの溶液に何を加えればよいか．

(2) 制限酵素 $EcoRI$ で切断した断片を $SmaI$ で切断したベクターに挿入したいとする．挿入する $EcoRI$ 断片をどのように加工したら $SmaI$ 部位に挿入できるか．また，$EcoRI$ でなくて $PstI$ だったらどうか．表 3・2（p. 38）を参考にして考えなさい．

(3) β-ガラクトシダーゼは IPTG（イソプロピル-チオ-β-D-ガラクトシド）で誘導される．今，大腸菌の培養液に IPTG を添加してから経時的にサンプリングして β-ガラクトシダーゼ活性を測ったところ，3 分経ってから活性が直線的に増大した．この結果から，ポリペプチド鎖の伸長はアミノ酸残基 1 個当たり何秒かかることがわかるか．ただし，β-ガラクトシダーゼは 1021 個のアミノ酸からなり，IPTG が大腸菌に取り込まれてからリプレッサーに結合するまでの時間は無視できるとする．

(4) コリシン E3 は大腸菌の産生するタンパク質性の抗菌物質でレセプターをもつ菌に結合，侵入して 16S リボソームの 3′ 末端を特異的に切断する酵素活性がある．コリシン E3 の抗菌作用のメカニズムを考えて答えなさい．

12. 生化学の広がり

11 章までに生化学の基本的枠組みを述べた．しかし，生化学の発展はめざましく，これまでに述べなかった生命現象の様々な側面に応用され，大きな成果をあげている．本章ではそうした発展しつつある分野のうちからいくつかを選んで概要を紹介する．

12・1 超分子

ヘモグロビンやアロステリック酵素は複合体を形成することによって，個々のサブユニットタンパク質分子がもっていないような新しい性質を獲得している．アロステリックな構造変化である．ヘモグロビンは 4 つのサブユニットからできているが，もっとたくさんのサブユニットからできているものもある．多くのサブユニットからできていて電子顕微鏡で容易に観察できるくらい大きな構造体は **超分子**（supramolecule）とよばれ，機能構造両面から細胞内外で重要な役割を果たしている．

たとえば，**プロテアソーム** は真核生物の ATP 依存性プロテアーゼ複合体で，70 以上のサブユニットからなる分子量 70 万の巨大なタンパク質複合体である（図 12・1）．ユビキチン（Ub）を結合したタンパク質を選択的に結合して 10 〜 20 残基のペプチドに分解し，細胞内でのタンパク質の品質管理，ストレス応答，免疫応答など，多彩な機能を発揮する．免疫応答では，プロテアソームによって切り出されたペプチドがマクロファージの細胞表面に抗原提示される．2004 年に「ユビキチンの仲介でタンパク

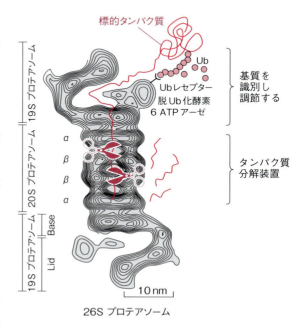

図 12・1　プロテアソーム

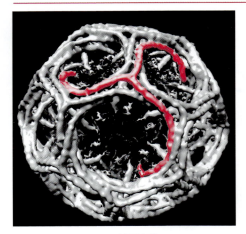

図 12・2　クラスリン被覆小胞
出典：https://commons.wikimedia.org/wiki/
File:Clathrin_cage_viewed_by_croelectron_
microscopy.jpg　（Mazuraan 作図）

質が分解される仕組みの発見」に対して，A. チェハノバ教授，A. ハーシュコ教授，U. ローズ博士の3人にノーベル化学賞が与えられた．

被覆小胞は**クラスリン**と呼ばれるタンパク質でおおわれた直径約 100 nm の小胞で，細胞膜上で形成されて出芽し，エンドサイトーシスや細胞内輸送の役割を担う．クラスリンの最小単位はトリスケリオンで，3つの分子量18万の重鎖と3つの分子量3万強の軽鎖からなり（図 12・2 の赤い部分），同じ複合体分子が6角形または5角形の輪を形成する．これがいろいろな数で組み合わされることによって，大きさの異なる種々の被覆小胞が形成される．なお，クラスリンは直接膜とは結合せず，種々のアダプター分子を介して膜タンパク質と結合する．36個のトリスケリオンからなる最小の被覆小胞が X 線結晶構造解析によって構造決定されている（図 12・2）．

リボソームはタンパク質の合成装置で，原核生物では53種のタンパク質と3種の RNA からなる分子量 2.7 MDa（2.7×10^6 Da，70 S）の巨大な複合体であり，30 S と 50 S の2つの粒子から構成される（図 11・16 参照）．2009年度のノー

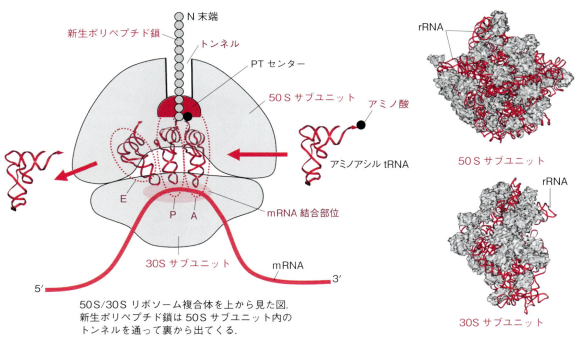

50S/30S リボソーム複合体を上から見た図．
新生ポリペプチド鎖は 50 S サブユニット内の
トンネルを通って裏から出てくる．

図 12・3　原核生物のリボソーム
出典：『図解 分子細胞生物学』（浅島 誠・駒崎伸二 共著）

rRNA に数多くのタンパク質が結合してリボソームは形成されている．

ベル化学賞はリボソームの立体構造決定に主導的な役割を果たした3人の構造生物学者，すなわち結晶化を先駆的に進めたA. ヨナ博士，50S構造を決定したT. スタイツ教授，70S構造を決定されたV. ラマクリシュナン博士に授与された（図12・3）．

　細菌のべん毛はフラジェリンを含む約30種類のタンパク質からできた超分子構造体で，この構造体基部に**べん毛モーター**があり，べん毛を回転させている（図12・4）．大腸菌やサルモネラ菌のべん毛モーターはミトコンドリアやクロロプラストのATP合成酵素と同じように水素イオンの濃度勾配のエネルギーで回転する．真核生物の鞭毛については図12・8を参照されたい．なお，細菌のべん毛を以前は鞭毛と書いたが，細菌のべん毛は鞭打ち運動ではなく，回転するとわかってから，べん毛とひらがなで書くようになった．

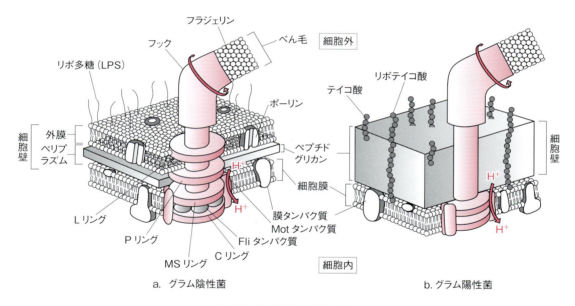

図12・4　細菌のべん毛モーター
出典：『微生物学』（坂本順司 著）

　筋肉も多くのタンパク質からできた複合体で，収縮を担う**ミオシン繊維**（太いフィラメント）と**アクチン繊維**（細いフィラメント）の間に力が発生して"滑る"（図12・5, 12・3節参照）．ミオシン繊維は1.5 μm，アクチン繊維は1 μmである．どのような機構で長さが決まっているかはよくわかっていないが，アクチン繊維に沿って伸びているネブリンというタンパク質が"分子物差し"として機能している可能性がある．ミオシン繊維の両端には弾性タンパク質**タイチン**が結合してZ膜との間をつないでいる．

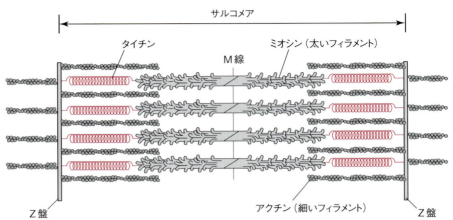

図12·5 筋原繊維の構造 サルコメアが多数繰り返されてできている．

他方，細胞の中には網目状構造を作って細胞質のコンパートメント化（部屋割り）や細胞分裂・物質の輸送に関与している**細胞骨格**，細胞の形を維持するための裏打ち構造があって，これらはみなタンパク質の会合体である．細胞骨格は**アクチン繊維**，**微小管**（チューブリンからなる），**中間径フィラメント**（ビメンチンなどからなる）の3種のタンパク質集合体から構成される．細胞裏打ち構造はスペクトリンなどからなる．

ウイルスもタンパク質からできた超分子で，球状（正確には正20面体）の

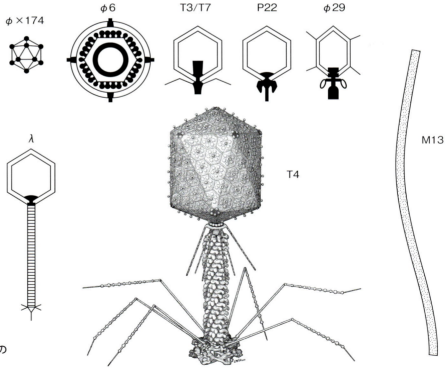

図12·6 いろいろな形のバクテリオファージ

ものが多く，タンパク質からなる球殻の周りが，ウイルスによってはエンベロープといって，脂質の膜におおわれている．この脂質はウイルスが細胞から出るときに細胞膜をかぶることによって得られたものである．ウイルスの形は様々で，棒状のもの，繊維状のもの，球状（正20面体）のもの，短い尻尾をもったもの，長く曲がりやすい尻尾をもったもの，収縮性の尻尾をもったものなどがある．遺伝子工学で利用されるM13ファージは細長いひも状である．ファージはバクテリアに感染するウイルスで，バクテリオファージの略であり，大きさ，複雑さも様々である（図12・6）．

12・2 視 覚

普段あまり意識することはないが，目が見えるということは考えてみると大変微妙で複雑な現象である．神経伝達や情報処理，パターン認識の問題も絡んでくるので，生化学的なアプローチだけでは完全な理解は難しいかもしれない．しかし，見える最初の段階である光のエネルギーを受け取る過程については相当詳しいことがわかってきている．

目のレンズ（クリスタリンというタンパク質でできている）を通って網膜に達した光は，桿体細胞のロドプシンというタンパク質に結合しているレチナール分子に吸収され，11-シスレチナールから全トランスレチナールへと構造変化が起こる（図5・5参照, p.62）．全トランスレチナールはその後オプシン（ロドプシンのタンパク質部分）から離れてレチナールイソメラーゼによって11-シスレチナールに戻り，再びオプシンと結合する．

レチナールの構造変化はロドプシンタンパク質（オプシン）の構造変化を引き起こし，その構造変化はGタンパク質の1種であるトランスデューシンというタンパク質を不活性型（GDP結合型）から活性型（GTP結合型）に変換し，これがホスホジエステラーゼを活性化して**サイクリックGMP（cGMP）**の濃度を下げ，その結果，膜のNa^+チャネルが閉じる．これを引き金にして膜電位の変化が導かれ，最終的には神経インパルスが脳に伝えられる（図12・7）．

さて，私たちが天然色（カラー）で物を見ることができるのは，3種類の錐状体細胞があり，それぞれが異なるロドプシンをもっているからである．3種類のロドプシンといっても，異なるのはオプシンの部分，すなわちタンパク質の部分で，レチナールは共通である．同じレチナールが，置かれた状態，つまりオプシンの構造の微妙な違いで吸収極大が異なり，それぞれが光の三原色に感応するようになっている．すなわち，それぞれ570 nm（黄-赤），530 nm（緑），440 nm（青）であり，その結果，私たちはカラーで物を見ることができる．

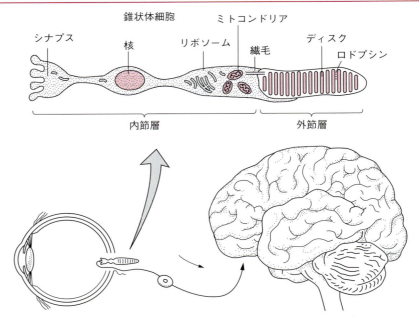

図 12・7　視覚情報の流れ

　これらの錐状体細胞は明るい光に感応するが，他方，弱い光に感応するのは桿体細胞で，こちらは色を識別することができない．夕方暗くなってきた頃とか，薄暗闇の中で物の形は判別できるが色はわからない，というのはこの桿体細胞による．

12・3　運動と筋肉

　生物が生き物らしく感じられるのは動くということが大きいだろう．動くのには力が要るが，生物が力を発生する機構は大きく3つに分類される．すなわち，筋肉や原形質流動に見られる**アクチン・ミオシン系**，精子鞭毛の**ダイニン・チューブリン系**，神経軸索の**チューブリン・キネシン系**である．このほか，バクテリアのべん毛はまったく別の仕組みで回転する（12・1節参照）．

　精子鞭毛がいわゆる **9 + 2 構造**（図 12・8）をもつ複雑かつ巨大な構造であるのに対して，バクテリアのべん毛は1種類のタンパク質フラジェリンが重合した比較的単純な構造である．バクテリアべん毛の分子モーターは別として，上記3種の運動タンパク質はいずれもATPのエネルギーを使って"滑り"運動を起こす．

　筋肉は形態学的に骨格筋，平滑筋，心筋の3つに分類されるが，図12・5には骨格筋の構造が示されている．筋肉細胞は多核の細長い細胞で，内部に筋原

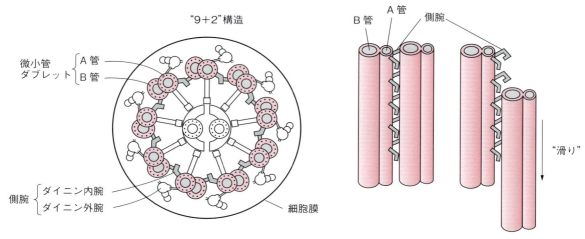

図 12・8　真核生物の鞭毛

繊維を形成している．筋原繊維はZ線で仕切られ，中央にある太いフィラメント（ミオシンフィラメント）が，Z線から伸びる細い繊維（アクチンフィラメント）とAバンドで重なり合っている．ミオシンは2本のαヘリックスが巻きついた棒状部分の先に2つの卵形の頭をもち，この部分がアクチンフィラメントと架橋を形成して相互作用する．

この架橋がオールをこぐようにして力を発生すると考えられているが，当初考えられていた"首振り運動"は否定されている．首振り運動なしに力の発生が認められている．すでに，アクチン，ミオシンいずれもX線結晶構造解析によって詳細な構造が明らかにされており（図 12・9），ATPの加水分解のエネルギーがどのようにして力学的なエネルギーに変換されるかという点も解明されつつある．

一方，筋肉は必要なときに収縮し，また弛緩する．収縮弛緩を制御するのはトロポニンとトロポミオシンである．アクチンフィラメントは，球状タンパク質Gアクチンが数珠つなぎになって二本鎖を形成している．この両鎖で形成される溝に沿って，2本のαヘリックスがよじれた繊維状タンパク質トロポミオシンが結合している．各トロポミオシン分子にはトロポニンが結合している（図 12・10）．

トロポニンは3つのサブユニットからなるが，神経からのシグナル伝達によって筋小胞体がカルシウ

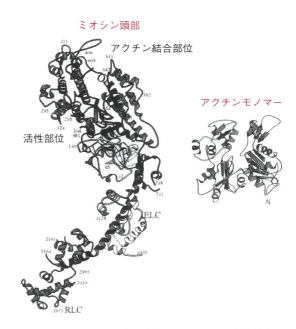

図 12・9　ミオシン頭部（"首"）とアクチンの立体構造

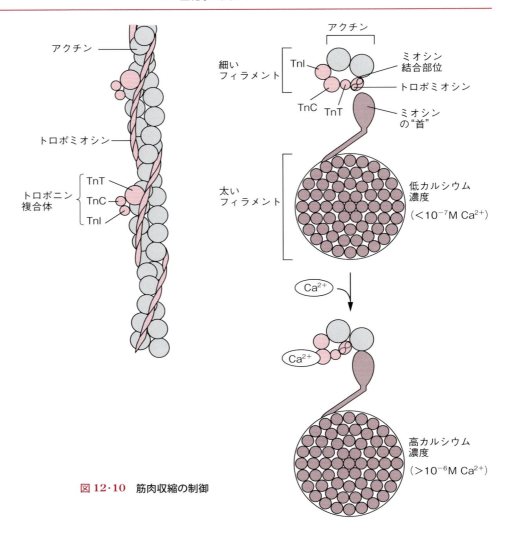

図 12・10 筋肉収縮の制御

ムイオン Ca^{2+} を放出すると，サブユニットの1つであるトロポニン C がカルシウムを結合する．カルシウムの結合は構造変化を起こし，これがトロポミオシンの位置を移動させてミオシンとアクチンの相互作用が可能になる．

筋肉細胞内では弛緩中は Ca^{2+} が筋小胞体に捉えられていて 10^{-7} M という大変低い濃度になっているが，神経からのインパルスは筋小胞体からのカルシウムイオンの放出を促し，10^{-5} M まで濃度が上昇するのである．筋細胞内の Ca^{2+} 濃度を低く保つための Ca^{2+} ポンプは X 線結晶構造解析により立体構造が決定されており，ATP の結合と加水分解によって立体構造が大きく変化して，Ca^{2+} が筋小胞体内に送り込まれる機構が明らかになっている．

12·4 ウイルスとがん

ある種のがんがウイルスによって引き起こされることは以前から知られていたが，がんの原因となる遺伝子が，実は細胞の増殖などに重要な役割を果たしている遺伝子であり，その遺伝子の構造がほんの少し変わったためにがんを引き起こしていることがわかったのは比較的最近のことである．ウイルスがもっている**がん遺伝子**に対して，その遺伝子に対応する，細胞にとって重要な働きをしている正常な遺伝子を**原がん遺伝子**とよぶ（表12·1）．

表12·1　がん遺伝子と原がん遺伝子

がん遺伝子	原がん遺伝子の機能	宿主	ウイルスにより誘導される腫瘍
erb-B	タンパク質キナーゼ（チロシン）：上皮成長因子（EGF）受容体	ニワトリ	赤白血病，繊維肉腫
fos	AP-1 遺伝子調節タンパク質の形成に不随する産物	マウス	骨肉腫
jun		ニワトリ	繊維肉腫
myc	HLH ファミリーの遺伝子調節タンパク質	ニワトリ	肉腫，骨髄球腫，がん腫
H-ras	GTP 結合タンパク質	ラット	肉腫，赤白血病
src	タンパク質キナーゼ（チロシン）	ニワトリ	肉腫

表に示してあるようにそれは，いろいろな成長因子（IGF）受容体であったり，G タンパク質（p.103 参照）であったり，G タンパク質によって活性化するタンパク質キナーゼ（タンパク質をリン酸化する酵素）であったりする．

原がん遺伝子ががん遺伝子になるのはいくつかの道筋があり，①タンパク質コード領域中の欠失または点突然変異によって活性の高くなったタンパク質が産生される場合，②遺伝子重複によって正常なタンパク質が大過剰生成する場合，③強力なエンハンサー（転写活性を上昇させる塩基配列）または免疫グロブリンのような活発に転写される遺伝子との融合により，正常なタンパク質または融合タンパク質が多量に生産される場合，などがある．

12·5　免　疫

一度病気にかかると同じ病気にはかからなくなる現象は**免疫**とよばれ，古くから知られていた．免疫は脊椎動物に発達した非常に特異性の高い自己防衛機構である．免疫系は同時に，移植拒否，異なる血液型の輸血拒否，アレルギー，

アナフィラキシー（即時型過敏反応）などの現象とも密接な関係があり，「自己防衛」という機能を超えて，"自己"と"非自己"，すなわち自分の体の中に元からあるものと，外から侵入してきたものを厳密に区別するという分子認識機構を備えている．

免疫系は**抗体応答系**と**細胞性応答系**の2つに大別され，前者は**B細胞**（Bは骨髄，bone marrowに由来）が主要な役割を果たし，後者はB細胞は関与せず，**T細胞**（Tは胸腺，thymusに由来）が主役を演ずる．B細胞やT細胞は血液とリンパ器官を循環している．B細胞やT細胞はリンパ球とよばれるが，同じく多能性幹細胞から分化する骨髄球の一種の単球はさらに分化して貪食細胞**マクロファージ**になる．B細胞，T細胞，マクロファージの3つが免疫反応の主役である．

12・5・1 抗体応答

体外から異物が侵入するとその異物に結合する抗体（12・5・3項を参照）ができてくる．このとき，その抗体を誘起した異物分子を抗原という．抗体が関与する免疫応答反応は**液性免疫**ともよばれ，B細胞が主要な役割を演ずる．後述するようにB細胞のゲノムでは，膨大な数の組み合わせの中の1種類の抗体遺伝子を産生するように**分化・クローン化**し，発現している．発現された膜結合性の抗体は，細胞表面に提示される．B細胞の活性化は**ヘルパーT細胞**を介して起こる．

さて，マクロファージに捕食されたタンパク質性抗原は同細胞表面のクラスⅡMHC分子上に消化ペプチド断片として提示される．ヘルパーT細胞はB細胞と同じように分化・クローン化して抗体を提示しており，同時にMHCⅠ型抗原のレセプター（CD4）ももっている．

このマクロファージ上の抗原断片にたまたま親和性をもつ抗体を提示しているヘルパーT細胞が出会うと，このヘルパーT細胞は活性化される．活性化には同時にマクロファージから出る**インターロイキン**という一群のタンパク質も関与している．

こうして活性化され，増殖したヘルパーT細胞は，同様なメカニズムで次にその抗原を提示しているB細胞を活性化し，抗体の産生が始まる．B細胞は抗原の種類によっては直接活性化されることもあるが，ヘルパーT細胞を介する活性化が一般的である（図12・11）．

活性化されたB細胞は，はじめにIgMを，次にIgDを，最終的にIgGを発現する（表12・2，抗体の種類）．抗体価はゆっくり上がった後下がってくる（一

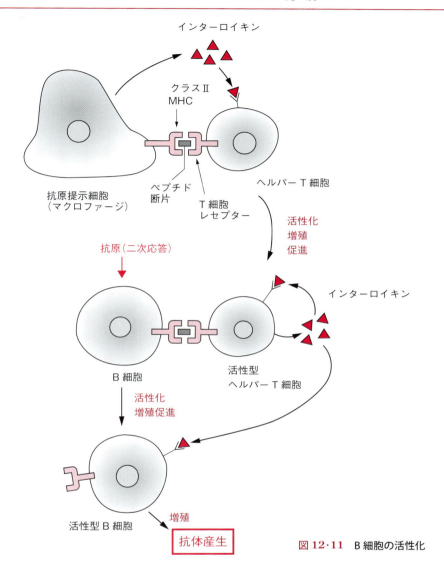

図 12·11　B 細胞の活性化

表 12·2　ヒトの抗体の主なクラスとその性質

性　質	抗体のクラス				
	IgM	IgD	IgG	IgA	IgE
H 鎖（重鎖）	μ	δ	γ	α	ε
L 鎖（軽鎖）	κ または λ	κ または λ	κ または λ	κ または λ	κ または λ
四本鎖単位の数	5	1	1	1 または 2	1
血中の全 Ig に占める %	10	<1	75	15	<1
補体活性化の度合い	++++	−	++	−	−

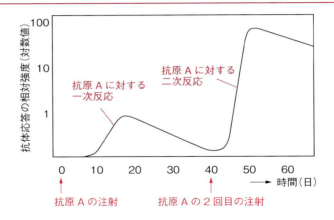

図 12·12　一次応答と二次応答

時応答）が，さらに同じ抗原で刺激すると今度は急激にしかも1回目の刺激よりも100倍近くも活性化される（二次応答，図 12·12）．二次応答では活性化されたB細胞自身が抗原提示細胞として働いてヘルパーT細胞を活性化する．

さて，こうして抗体が産生されると，抗体は体内に侵入してくる抗原を認識して抗原抗体複合体を形成し，抗原がウイルスや毒素タンパク質の場合にはウイルスのレセプターをふさいだり，毒素の活性部位をふさいだりして不活性化する．また，抗原が細菌の場合はマクロファージの貪食作用を促進したり，補体（C1からC9までの一連のタンパク質を含む）を活性化して細菌に穴をあけて殺す．

さて，免疫系の不思議なところは，異物（非自己）に対してのみ抗体を産生し，自分の生来もっているタンパク質など（自己）には抗体はできないという特異性である．自分の体に対する抗体ができてしまっては大変である．なぜ，自己の生体分子は抗原にならないかは以下のように説明される．骨髄で産生された未分化のT細胞（Tリンパ球）は胸腺に定着して分化する．その際，定着したT細胞の95%がそこで殺されてしまうことがわかっている．この段階で自己の生体分子に対する抗体を提示するT細胞が消滅するわけだが，その仕組みの詳細はまだわかっていない．

12·5·2 細胞性応答

細胞性応答は，**キラーT細胞**が主役である．キラーT細胞は以下のようにしてウイルスに感染した細胞を殺す．すなわち，キラーT細胞は表面にMHC I型抗原のレセプター CD8 をもっていて，ウイルスに感染し，細胞表面の MHC I型抗原にウイルスタンパク質ペプチドを提示している細胞を認識

してこれを殺す．また，ヘルパーT細胞の中にはキラーT細胞とマクロファージを活性化するものもある．

ヘルパーT細胞によって活性化されたキラーT細胞が特定の抗原を提示している細胞を殺すのに対し，活性化されたマクロファージは不特定の侵入してきた微生物を捕食・破壊する．なお，ヘルパーT細胞によるキラーT細胞やマクロファージの活性化にもある種のインターロイキンが関与している．

12·5·3 抗体分子

表 12·2 に抗体分子の種類をあげてあるが，ここでは最も重要で一般的な IgG について分子構造と分子認識の多様性の基礎を見ておこう．

IgG は図 12·13 に示してあるように，2 本の H 鎖と 2 本の L 鎖とからなる．グロビンフォールドとよばれる β 構造からなるドメインが，H 鎖（添え字 H で示してある）は 4 つ，L 鎖（添え字 L で示してある）は 2 つからなり，図のようにジスルフィド結合で結ばれている．細い波線で書いてあるのはヒンジ領域といって柔らかく曲がりやすい部分である．V_H および V_L と書かれているのは**可変領域**で，抗体によってアミノ酸配列が大きく異なるところ，C_H などと書かれているのは定常領域といって，結合する抗原が違ってもアミノ酸配列がほとんど変わらない部分である．

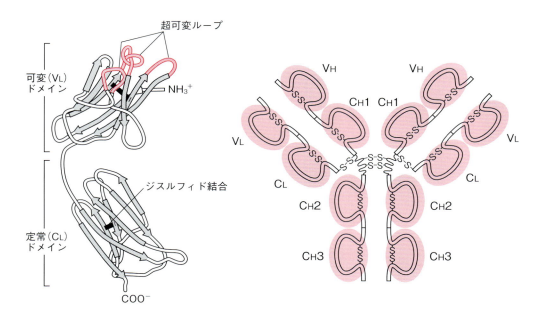

図 12·13 抗体 (IgG) 分子の構造

抗原は V_H および V_L と書いた部分に結合する．すなわち，IgG 分子は二価であって，Y 字形の開いた先に 1 つずつ抗原結合部位をもっている．可変部の中でも先端に近い部分はとくに配列にバリエーションがあって**超可変領域**とよばれている．この部分が抗体分子によって異なるために抗体は様々な抗原に結合できることになる．

ヒトを含め脊椎動物は，体の外から入ってくるありとあらゆる異物に対して抗体を産生する．動物がどうしてこれほど多種多様な抗原に対する抗体を産生できるのか，というのは免疫学の古くからの問題であった．

この免疫学の中心課題に解決を与えたのが利根川 進博士である．図 12・14 にマウス（ねずみ）L 鎖遺伝子の構造が示してある．$V_1 \sim V_n$ は可変領域，C は定常領域，$J_1 \sim J_4$ はこの 2 つの領域をつなぐ部分をコードしている．利根川博士は，B 細胞では分化に伴って遺伝子の組換えが起こり，$V_1 \sim V_n$ のうちの 1 つと $J_1 \sim J_4$ のうちの 1 つが結合し，これに C 領域が連結することを示した．V 領域は少なくとも 300 あるので，組み合わせの数は $300 \times 4 = 1200$ 通りになる．H 鎖はもう少し複雑で D 領域というのがあり，組み合わせの数は

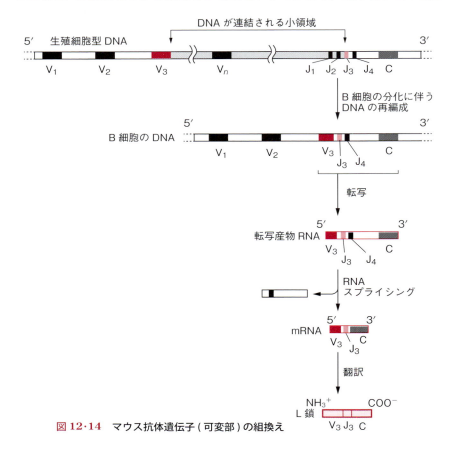

図 12・14 マウス抗体遺伝子（可変部）の組換え

2万4000通りにのぼる．そうすると，抗原結合部位はV_HとV_Lからなるので，$1200 \times 24000 = 28800000 ≒ 3 \times 10^7$通りにもなるわけである．実際には抗体遺伝子では通常の組換えより正確でないために生じるバリエーションもあり，これを考慮すると組み合わせの数はさらに増える．

12·5·4 AIDS（後天性免疫不全症候群）

1980年代になって初めて現れたAIDSほど，私たちが普段気づかないうちに，いかに免疫機能に支えられて生きているかを示した病気はないであろう．AIDSがほかの病気と異なるのは，この病気で亡くなる患者はAIDSウイルスによって直接亡くなるわけではない，というところにある．

AIDSウイルス（HIV：Human Immunodefficiency Virus）はヘルパーT細胞に特異的に感染して侵入し，細胞内で生じたウイルスタンパク質の消化ペプチドを細胞表面に提示する．その結果，HIVに感染したヘルパーT細胞が特異的にキラー細胞によって殺されることになる．

そのため免疫力が低下し，健康な体なら感染することはないような弱い細菌やウイルスにも感染して重篤な病気になってしまう．輸入された非加熱血液製剤によって，日本でも多くの血友病の患者がHIVに感染した．

12·6　オートファジー（自食作用）

12·1節で述べたプロテアソーム（ユビキチン-プロテアソーム系）の他に，細胞内ではタンパク質を消化する系として，ミトコンドリアなども消化してしまう**オートファジー**という現象が知られている．このシステムは，酵母からヒトまで広範囲に分布している．オートファジーでは隔離膜と呼ばれる膜構造が消化するオルガネラを含む細胞質の一部を囲い込んで**オートファゴソーム**が形成される．オートファゴソームはリソソーム膜と融合して**オートリソソーム**と

図 12·15　オートファジー
（大阪大学 吉森 保教授 作図）

なって内容物が消化される（図 12・15）．

　この系は長年にわたって大隅良典教授らによって研究され，詳細な分子機構が明らかにされつつある．オートファジーは発生・分化，老化，免疫など多くの生理作用に関係し，また，発がん，神経変性疾患，心不全，腎症など，多くの重要疾患と関連していることが明らかになっている．

12・7　発生・分化・形態形成

　卵がオタマジャクシになり，足が生え，尻尾が短くなってカエルになる，という一連の現象のシナリオは，すべてゲノム DNA に書き込まれていると考えられる．DNA に書きこまれている情報は基本的にはタンパク質の一次構造である．問題は，どの遺伝子が発生のどの段階で発現し，そして発現が停止するか，そしてそれぞれの遺伝子産物であるタンパク質がどのような相互作用を営んでいるかというところにあると考えられる．

　形態形成の研究はシュペーマン（1869-1941）のイモリを用いたオーガナイザーの研究など古典生物学的研究が蓄積されてきたが，その後，オーガナイザーの研究は一時下火となり，オーガナイザーの分泌する誘導物質が浅島 誠博士によってアクチビンとして同定されたのはオーガナイザー発見から 66 年後の 1990 年になってからのことであった．アクチビンは濃度に依存して様々な方向に細胞を分化させる．

　発生学では近年，分子遺伝学を用いた方法が大きな成果をあげており，線虫（*C. elegans*）やショウジョウバエ（*Drosophila*），植物ではシロイヌナズナ（*Arabidopsis*）などを用いた研究が進んでいる．

　線虫は 1030 個の細胞からなり，各細胞の詳しい細胞系譜解析（単細胞から成虫に至るまでのすべての細胞の経歴の解析）が行われている．これまでに形態形成に関連する遺伝子が多数発見されたが，多くの形態形成関連遺伝子は**ホメオボックス**といって，DNA 結合モチーフをもったタンパク質をコードしていることが特徴的で，形態形成が多くの遺伝子の階層的な制御によって成り立っていることを示している．

　形態形成の過程では，細胞の増殖だけでなく，特定の場所の細胞が死ぬことも重要である．そのようなプログラムされた細胞死は，**アポトーシス**とよばれ，細胞が損傷を受けて死ぬ場合の壊死（破裂したりして

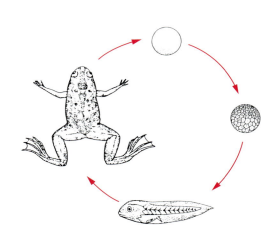

図 12・16　カエルの発生

内容物を周囲に出す）とは違って，細胞核が萎縮し，細胞自体が小さく縮んで最後は周辺の細胞に取り込まれて消化される．アポトーシスは形態形成以外の種々の過程でも重要なことが認識されつつある．

なお，2006 年に山中伸弥教授（2012 年度ノーベル生理学・医学賞）によって樹立された iPS 細胞は再生医学への貢献が注目されているが，ゲノムの初期化は，発生・分化の逆の過程を可能にしたもので，発生・分化の機構を理解する上でも重要な貢献である．

12·8 進化と中立説

生命は約 40 億年前に地球上に発生したとされる．生命発生以前は化学進化の時代と言われ，その間にアミノ酸や核酸塩基など生命の発生に必要な物質ができたはずである．実際に原始地球を模した大気組成，すなわち水蒸気，メタン，アンモニア，水素の混合気体中で火花放電を行うと，アミノ酸やヌクレオチドや糖なども生成することが知られている．こうして現在の生体の主要構成成分が原始の海で濃縮されてくると，そこで何らかの自己増殖系が発生したと考えられる．自己増殖系が細胞膜でおおわれて細胞ができたときが生命の誕生といえるのだろう．

RNA が酵素活性をもつことが発見されて（トピックス．リボザイム，p.41 参照）以来，原始生命は遺伝情報として DNA ではなく，RNA によって担われていたとする考え方が一般的になり，**RNA ワールド**とよばれている．現在の生命形態を見ると，DNA の合成にはタンパク質が必要であるが，そのタンパク質は DNA に遺伝情報として書き込まれているので，生命の起源を遡っていくと，どちらが先だったかという「ニワトリと卵」の問題になる．恐らく，タンパク質と核酸は相互作用を繰り返しながら少しずつ並行して進化してきたのであろう．いずれにしても，遺伝暗号のコドン表がこれほど（一部の例外を除いて）全生物にわたって共通であることは，少なくとも現存している生命の発生が単一であったことを示唆している．

バクテリアは真核生物より単純な構造をしているので，進化上，より以前に発生したと考えられる．では，真核生物の起源は何であろうか．現在有力な考え方では，まず共通の祖先から真正細菌と古細菌が分かれ，真核生物はその後，古細菌に真正細菌が共生して生じたものと考えられている．

実際，ミトコンドリアやクロロプラストは，大きさがバクテリアに近いこと，DNA をもち，分裂によって増殖することなど，いくつかの点でバクテリアと共通する構造と性質をもっている．

最初の生命は海底火山の近くで発生したと考えられている．海底でバクテリア・古細菌から，単細胞真核生物，多細胞生物へと進化していく過程で，シアノバクテリアや植物など光合成を行うものが出現し，それによって地球上の酸素濃度が増加するようになった．それまで，酸素はむしろ生物にとって有害であったが，酸素を利用できるようになって初めて効率のよいエネルギー代謝が可能になった．植物や動物はその後，次第に陸に上がってきたと考えられている．

進化は一般には，欠陥のあるものがより優れたものへと変化すること，なかった機能が新たに獲得されること，というように捉えられがちである．しかし，進化を分子レベルで考えると，少し違った見方が必要になることがわかる．進化は遺伝子の重複や変異に基づくランダムな（規則性のない）変化であり，その結果タンパク質の一次構造に変化が生じる．その変化は有害であることが多い（淘汰圧が負）が，害のないこともあり（中立変異，淘汰圧が0），たまによりよい機能を生じる変化であったりする（淘汰圧が正）．

木村資生博士（1924-1994）は，このような遺伝子の変異が集団の中に固定される確率を調べ，正の淘汰圧をもつと集団に固定される確率が高いが，中立的変異でも集団内にある確率で固定されることを示した（"中立説"）．中立説

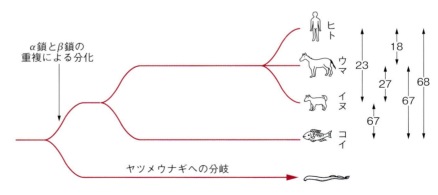

図 12·17　脊椎動物の系統とヘモグロビン分子の進化的変化
矢印の数字は2つのヘモグロビンα鎖を比較したときのアミノ酸の違い（『生物進化を考える』木村資生，岩波書店，より改変）

はすでに多くのデータによって支持されている．この場合，淘汰圧が正であるというのはその特定の環境の下で生存に有利なのであって，環境が変われば以前には生存に有利であった性質がむしろ不利になる可能性はあるわけである．

ダーウィン（Darwin：1809-1882）は，「適者生存」という考えを打ち出し，進化の今日的概念を作った人であり，現在でも，基本的にはダーウィンの進化論は広く受け入れられている．その場合，ダーウィンの主張は，淘汰圧が正のときのみ，その変異は集団の中に固定されるという考えに相当する．しかし，淘汰圧が正であれば確かに集団内に固定される確率は高くなるが，中立説は淘汰圧が0であってもある確率で固定されることを示した．

たとえば，シーラカンスは生きた化石といわれる．形態学的には3億年前のシーラカンスと現在のシーラカンスはほとんど変わっていない．しかし，DNAの塩基配列はこの間大きく変化しているはずで，たとえばもし両者のヘモグロビンの遺伝子またはアミノ酸配列を比較することができたとすれば，その配列は大きく異なっているはずだということになる．また，生物の形態がこれほど大きな多様性を示すのも，中立説なしには理解不可能であろう．

人類は，進化の頂点に立っていると考えられているが，ヒトを含めてすべての生物は長い進化の過程で，地球上の様々な場所や様々な環境変化の中で淘汰されてきたものである．すなわち，その生物の住んでいる環境，何百世代にもわたって経験した環境に有利な形質が保存されてきたと考えられる．

脳の進化もそのような生存に有利な形質の1つとして起こったものと考えられる．ヒトは脳を発達させることによって，文明というこれまでになかった現象を生み出した．しかし，私たちがいわゆる人間らしい生活を送るようになってからたかだか数千年であり，長い進化の過程から見るとほんの一瞬に過ぎない．

私たちの食生活や生活環境は近年の技術革命によって急激に変化しつつある．しかし，このような変化がヒトやヒトを含めた生態系に与える影響については未知の部分が多い．今日深刻な問題となっている環境問題などを解決していくためには，人類の進化と生化学の視点を欠かすことはできない．

各章練習問題の解答例

2章　練習問題 解答例

(1) pH 7 における構造式は以下のようである．

$$\text{H}_3\overset{+}{\text{N}}-\underset{\text{H}}{\overset{\text{CH}_3}{\text{C}}}-\underset{\text{H}}{\overset{\text{O}}{\text{C}}}-\text{N}-\underset{\text{H}}{\overset{\text{CH}_2\text{COO}^-}{\text{C}}}-\underset{\text{H}}{\overset{\text{O}}{\text{C}}}-\text{N}-\underset{\text{H}}{\overset{\text{H}}{\text{C}}}-\underset{\text{H}}{\overset{\text{O}}{\text{C}}}-\text{N}-\underset{\text{H}}{\overset{(\text{CH}_2)_4\overset{+}{\text{NH}_3}}{\text{C}}}-\underset{\text{H}}{\overset{\text{O}}{\text{C}}}-\text{N}-\underset{\text{H}}{\overset{\text{CH}_2}{\text{C}}}-\underset{\text{H}}{\overset{\text{CH}_2}{\text{C}}}-\underset{\text{H}}{\overset{\text{O}}{\text{C}}}-\text{N}-\underset{\text{H}}{\overset{\text{CH}_2\text{-C}_6\text{H}_4\text{OH}}{\text{C}}}-\text{COO}^-$$

pH 1 ではアスパラギン酸および C 末端のカルボキシ基は電荷をもたないので ＋2，pH 12 ではリシンおよび N 末端のアミノ基が電荷を失い，チロシンのヒドロキシ基が負の電荷をもつので，－3 となる．

(2) アラニンは

$$\text{H}_3\overset{+}{\text{N}}-\underset{\text{H}}{\overset{\text{CH}_3}{\text{C}}}-\text{COOH} \underset{}{\overset{pK_1=2.0}{\rightleftharpoons}} \text{H}_3\overset{+}{\text{N}}-\underset{\text{H}}{\overset{\text{CH}_3}{\text{C}}}-\text{COO}^- \underset{}{\overset{pK_2=9.5}{\rightleftharpoons}} \text{H}_2\text{N}-\underset{\text{H}}{\overset{\text{CH}_3}{\text{C}}}-\text{COO}^-$$

$$[\text{R}^+] \qquad\qquad\qquad [\text{R}^0] \qquad\qquad\qquad [\text{R}^-]$$

の解離平衡にあり，pH 2.0 と 9.5 の間では R^0 の形が主である．

$$K_1 = \frac{[\text{R}^+][\text{H}^+]}{[\text{R}^0]}, \quad K_2 = \frac{[\text{R}^0][\text{H}^+]}{[\text{R}^-]} \longrightarrow K_1 K_2 = \frac{[\text{R}^+][\text{H}^+]^2}{[\text{R}^-]}$$

したがって（$p \equiv -\log$ を使って）

$$pK_1 + pK_2 = 2\,\text{pH} - \log\frac{[\text{R}^+]}{[\text{R}^-]}$$

等電点では $[\text{R}^+] = [\text{R}^-]$ なので，そのときの pH を pI として

$$pI = \frac{pK_1 + pK_2}{2} = \frac{2.0 + 9.5}{2} = 5.75 \quad (\text{答え})$$

同様にしてグルタミン酸は

$$\text{R}^+ \overset{pK_1=2.0}{\rightleftharpoons} \text{R}^0 \overset{pK_2=4.2}{\rightleftharpoons} \text{R}^- \overset{pK_3=10.0}{\rightleftharpoons} \text{R}^{2-}$$

の解離平衡にあり，等電点は 2.0 と 4.2 の間にある．この pH では $[\text{R}^{2-}]$ は無視できるので，アラニンと同様に考えて

$$\mathrm{pI} = \frac{2.0 + 4.2}{2} = 3.1 \quad （答え）$$

(3) 分子内部に埋もれているもの：ロイシン，フェニルアラニン

表面に露出しているもの：リシン，アルギニン，プロリン，アスパラギン酸
　プロリンは疎水性が高いが，ターンのところに存在することが多いため表面に露出していることが多い．

(4) bの条件から，(A, M, Q, V)-K-(S, T, V, Y) のうち，後者がC末端であることがわかる．cから (A, M, Q, V)-K-S-Y-(T, V)．さらに，dから (A, Q)-M-V-K-S-Y-(T, V)．最終的にeから答えは，Q-A-M-V-K-S-Y-T-V となる．

3章　練習問題 解答例

(1) a-1) アデニン，a-2) チミン，a-3) シトシン，a-4) グアニン

　b-1) ホスホジエステル結合，b-2) N-グリコシド結合，b-3) 水素結合

　c-1) 3′末端，c-2) 5′末端

(2) $0.34\,\mathrm{nm} \times 3.5 \times 10^9 = 1.19\,\mathrm{m}$（ヒトDNAの総長）

　$0.34\,\mathrm{nm} \times 4 \times 10^6 = 1.36\,\mathrm{mm}$（大腸菌DNAの長さ）

　$330 \times 2 \times 4 \times 10^6 = 2.64 \times 10^9$（26.4億＝大腸菌DNAの分子量）

(3) DNA：デオキシリボ核酸

　RNA：リボ核酸

　NAD$^+$：ニコチンアミドアデニンジヌクレオチド（酸化型）

　FAD：フラビンアデニンジヌクレオチド（酸化型）

　cAMP：サイクリックAMP（サイクリックアデノシン一リン酸）

　FMN：フラビンモノヌクレオチド

(4) ホスホジエステル結合：核酸に見られる結合で，糖の2つのヒドロキシ基がリン酸を介してエステル結合したもの．

　リボザイム：酵素活性をもつRNA．イントロン（第11章）を切断除去するsnRNAなどが知られている．

　N-グリコシド結合：環状構造をとっている糖のヘミアセタールまたはヘミケタールのヒドロキシ基とアミノ基またはイミノ基との結合．

　キャップ構造：真核生物のmRNAの5′末端に普遍的に見られる構造で，7-メチルグアノシンの5′ヒドロキシ基とmRNAの5′末端のヒドロキシ基が三リン酸を介して結合している．

　制限修飾機構：バクテリアの生体防御システムで，外部から侵入するDNA

を切断する制限酵素と，同じ配列を認識してメチル化する修飾酵素からなる．

4章 練習問題 解答例

(1) ラクトースとマルトース．

(2) D形を前提とすると，変化できるOHの位置の数はアルドースでは3つ，ケトースでは2つである．したがって，D-アルドースでは $2^3 = 8$ 通り，ケトースでは $2^2 = 4$ 通りのエピマーが可能．

(3) グルコースオキシダーゼは以下の反応でグルコースをD-グルコノラクトンに変換するが，その際 水と酸素から過酸化水素を発生する．

$$\beta\text{-D-グルコース} + H_2O + FAD + \frac{1}{2}O_2 \longrightarrow$$
$$\text{D-グルコノ-}\delta\text{-ラクトン} + H_2O_2 + FADH_2$$

ペルオキシダーゼは一般的に

$$H_2O_2 + AH_2 \longrightarrow 2H_2O + A$$

の反応を触媒する酵素である．この反応でオルトトリジンが酸化されて発色する．

(4) α-アミラーゼは α-1,4結合をランダムに切断するが，α-1,6結合は切れない．また，グルコース二量体や三量体のように小さなオリゴマーも切断することができない．そのため，グリコーゲンを α-アミラーゼで消化すると，主としてマルトースやマルトトリオースが生じ，また，α-1,6結合を含む小さな限界デキストリンを生じる．

グリコーゲンを無機リン酸存在下でホスホリラーゼで消化すると，非還元末端から加リン酸分解が起こり，グルコース-1-リン酸を生じる．この反応は α-1,6結合のところで先には進まないので，大きな限界デキストリンを生じる．

5章 練習問題 解答例

(1) スフィンゴミエリン：長鎖アルコール，脂肪酸，リン酸
   トリアシルグリセロール：グリセロール，脂肪酸
   ホスファチジルコリン：グリセロール，脂肪酸，リン酸
   ガングリオシド：長鎖アルコール，糖
   ロウ（ワックス）：長鎖アルコール，脂肪酸

(2) 飽和脂肪酸に比べて不飽和脂肪酸は融点が低く，脂質二重膜の柔軟性を増す役割をしている．

(3) コレステロールは細胞膜の成分として膜の柔軟性を増す役割を果たすと共

に，胆汁，性腺ホルモン，副腎皮質ホルモン，ビタミン D などの前駆体となる．
(4) ビタミン A_1，ビタミン D，ビタミン E，アドレナリン，アンドロゲン

6章 練習問題 解答例

(1) 図 6・3a からミオグロビンは肺では最大結合量の 96% の酸素を結合しているが，組織では 92% の酸素を結合している．したがって，その差の 4% を放出することになる．肺で結合した酸素を 100% とすると，

$$4\% \div 0.96 = 4.2\% \text{（答え）}$$

(2) 図によれば，pH が低下するに従って，酸素の親和性が低下している．このことは以下の理由で理に適っている．すなわち，激しい運動をしている筋肉では酸素が不足がちになり，解糖系の末端産物であるピルビン酸はクエン酸回路に入らずに乳酸を生じる．その結果，血液の pH が低下すると，ヘモグロビンは酸素をさらに放出しやすくなる．酸素が与えられればピルビン酸はクエン酸回路に入るのでたくさんの ATP を合成できることになる．

(3) 体内の各組織で発生した二酸化炭素はヘモグロビンに結合したり，一部は血液に溶けて肺に運ばれる．肺では外呼吸で気体となって外に出ていかなくてはならないが，カルボニックアンヒドラーゼはこの反応を促進している．すなわち，カルボニックアンヒドラーゼは

$$CO_2 + H_2O \rightleftarrows H^+ + HCO_3^-$$

の反応を触媒するので，肺で左辺の CO_2 が外呼吸によって取り除かれると，反応は速やかに左辺の方に移行する．

(4)
$$K = \frac{[MbO_2]}{[Mb] \cdot [O_2]}$$

ミオグロビンの総濃度を $[Mb_0]$ とすると，$[Mb_0] = [Mb] + [MbO_2]$．ミオグロビンのどれだけの割合が酸素を結合しているかという指標を飽和関数と呼んで，$\bar{v}$ で表すと，

$$\bar{v} = \frac{[MbO_2]}{[Mb] + [MbO_2]} = \frac{K[Mb][O_2]}{[Mb] + K[Mb][O_2]}$$

$$\bar{v} = \frac{K[O_2]}{1 + K[O_2]}$$

(5)
 a) $x = 0$ を代入して $\bar{v} = 0$

   $x \to \infty$ では $x \gg 1$, $cx \gg 1$ なので

$$\bar{v} \to 4x \cdot \frac{x^3 + Lc^4 x^3}{x^4 + Lc^4 x^4} = 4$$

となる．

b)

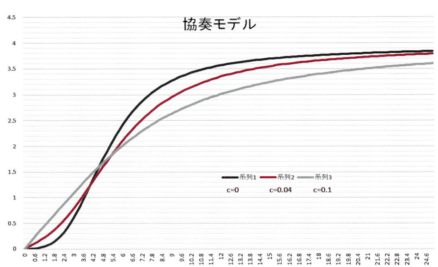

7章 練習問題 解答例

(1) 化学反応は一般的に温度が高いほど速くなるが，酵素はタンパク質なので高温では失活する．この2つの傾向のために最適温度が生じる．

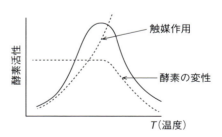

(2) 2つの変曲点の間では SH 基は解離しており，ヒスチジンは未解離の状態なので，パパインはこの状態で活性をもつことがわかる．また，両者の条件を最大に満たすのはその中点であり，pH 6.2 で最大値をもつ所以である．

(3) a. 誤：定常状態の反応速度論に基づいて酵素反応のパラメータを決定するためには，基質は酵素濃度に対して過剰でなければならない．

b. 正（酵素は両方向の反応を促進するので，産物の濃度を十分大きくしてやれば基質が生じる）

c. 誤：酵素は反応速度を上昇させるが，平衡状態を変えることはない．

d. 誤：K_m は酵素濃度がわからなくても求まるが，k_{cat} は V_{max} を酵素濃度で割らなくてはならないので，酵素濃度未知では求まらない．

(4) 酵素の特徴は基質特異性や反応特異性が高く，穏やかな条件で反応を促進できる点である．これはタンパク質である酵素が基質を"鍵と鍵穴"の関係のように，厳密に見分け，特定の反応だけを効率的に進行させる「活性部位」をもつためである．また，タンパク質であるために，一般的に熱に弱い．

8章 練習問題 解答例

(1) β酸化は1回ごとに1分子の FADH と1分子の $NADH_2$ を生じる．

カプリル酸は4回のベータ酸化を受けて5分子のアセチル CoA となるが，はじめに CoA を結合して活性化される際に ATP 1分子を消費する．したがって，最終的に $12 \times 5 + (2 + 3) \times 4 - 1 = 79$ 個の ATP が得られる．

(2) **フィードバック制御**：アミノ酸合成系や解糖系・クエン酸回路などに見られる制御機構で，たとえば，解糖系の酵素ホスホフルクトキナーゼは目的のATP が十分に合成されると，ATP が基質結合部位とは別の部位に結合して酵素活性を抑える仕組みになっている．逆に ADP の結合は酵素活性を促進する．

プロセッシング：多くのプロテアーゼは合成の場で酵素活性をもっていては都合が悪いので，活性をもたない前駆体として合成され，必要な場所でポリペプチドの一部を切断することによって活性化される．たとえば，トリプシンはトリプシノーゲンとして膵臓で合成され，十二指腸に分泌されてからエンテロペプチダーゼまたはトリプシンによって限定加水分解を受けて活性化される．

エフェクター：酵素の基質以外に，結合することによって酵素活性を亢進したり低下させたりするリガンドをエフェクターという．ホスホフルクトキナーゼにおける ATP やクエン酸はこの酵素のエフェクターである．

インヒビター：生体内には種々のプロテアーゼが存在するが，同時にプロテアーゼのインヒビター（阻害剤）も存在している．プロテアーゼインヒビターの存在理由は必ずしも明らかでない場合が多いが，血中には血液凝固系酵素のインヒビターが存在し，凝固系の制御に与っていると考えられる．

Gタンパク質：インシュリンなどホルモンが細胞膜上の受容体に結合すると，一連の酵素活性化機構が作動するが，G タンパク質はその中にあってセカンドメッセンジャーのサイクリック AMP を生成するアデニル酸シクラーゼの活性化に与っている．詳しくは本文参照．

リン酸化：リン酸化によって活性化や不活性化される一群の酵素がある．た

とえば，グリコーゲンを加リン酸分解してグルコース1-リン酸を生じるホスホリラーゼは，リン酸化された活性型のホスホリラーゼaと，脱リン酸化された不活性型のホスホリラーゼbがホスホリラーゼキナーゼとホスホリラーゼホスファターゼによって相互に変換する．

(3) 酵母が，酸素のない状態，すなわち嫌気的状態から，酸素のある状態に移されると，グルコースの消費量が大きく減少する現象は，パスツール効果として知られる．これは，酸素がないと電子伝達系が遮断され，その結果，解糖系だけにATPの産生を依存するため，多くのグルコースが必要になるが，酸素存在下では，クエン酸回路と電子伝達系が作動し，1分子のグルコースから多くのATPを産生することができるためである．酸素のあるなしでのグルコース1分子当たりのATP産生量については本文参照．

(4) パントテン酸：CoA，ピルビン酸脱水素酵素
　　ニコチン酸：NAD^+，イソクエン酸脱水素酵素
　　チアミン：TPP，ピルビン酸脱水素酵素
　　リボフラビン：FAD，コハク酸脱水素酵素

9章 練習問題 解答例

(1) グルコースの血中濃度が高くなると，膵臓のランゲルハンス島からインシュリンが放出される．肝細胞の受容体がインシュリンを結合すると，血液中のグルコースの肝細胞への取り込みが促進され，グルコース濃度は下がる．取り込まれたグルコースはグリコーゲンとなって貯えられる．

　グルコースの血中濃度が低くなると，膵臓のランゲルハンス島A細胞から分泌されるグルカゴンや副腎から分泌されるアドレナリンによって肝細胞などの細胞膜のアデニル酸シクラーゼ系が活性化され，cAMP依存性プロテインキナーゼ，グリコーゲンホスホリラーゼを介してグリコーゲン分解が促進され，結果として血液中のグルコース濃度が上昇する．

(2) 糖新生においては，ピルビン酸をオキサロ酢酸に変換するピルビン酸カルボキシラーゼがビオチンを要求し，アビジンで阻害される．脂肪酸合成においては，アセチルCoAからマロニルCoAを生成するアセチルCoAカルボキシラーゼがビオチンを要求する．このように，ビオチンは炭酸固定やカルボキシ基転移に働く酵素の補酵素として機能している．

(3) リノール酸，γ-リノレン酸，アラキドン酸．プロスタグランジンの前駆体で，かつ人体内で合成が行われないために食事で摂取しなければならない脂肪酸が「必須脂肪酸」とよばれている．

(4) ペントースリン酸回路で生じるリボース5-リン酸はヌクレオチドの材料の供給源として重要である．

10章　練習問題 解答例

(1) グルコースの合成がそのまま解糖系などによってATPを合成するためだとすると，グルコースを合成するために要するエネルギーを考えると採算がとれない．すなわち，炭酸固定で3分子のCO_2から1分子のグリセルアルデヒド3-リン酸を作るのに，9分子のATPと6分子のNADPHが必要．したがって，グルコースを1分子作るためには18分子のATPと12分子のNADPHが必要．他方，グルコース6-リン酸がペントースリン酸回路に入って完全にCO_2に分解されるためには，同回路を6回回らなくてはならないが，この間に計12分子のNADPHを生成する．したがって，1分子のグルコースの分解によって必要量のNADPHが生成するだけで，あとのATP分子（18＋1＝19分子，「＋1」はグルコース⟶グルコース6-リン酸）は赤字になる．

　グルコース合成の目的は，デンプンなどの形で，必要なときにグルコースとして使えるエネルギーの貯蔵を行うこと，また，細胞壁成分のセルロースの合成のため，などが考えられる．

(2) **炭素**：植物は光合成暗反応によって取り込んだ二酸化炭素をカルビン回路で代謝して糖を合成し，デンプンやセルロースを合成する．動物または微生物はこれを食べて消化し，解糖系，クエン酸回路によって二酸化炭素にまで分解する．

窒素：根粒バクテリアのニトロゲナーゼによって固定されて生じるアンモニアは，植物や微生物によって代謝されてそのままアミノ酸やヌクレオチドに取り込まれたり，さらに植物やバクテリアによって硝酸塩となる．硝酸塩は脱窒菌によって再び窒素となる．

リン：リンは無機リン酸塩として無生物界に広く存在し，微生物や植物によって取り込まれて有機リンとなる．そして，ヌクレオチドやリン脂質に取り込まれ，またバクテリアによって生物の死骸などから無機リンに戻る．

　窒素やリンは肥料として重要であり，工業的に多量に合成されている．近年の環境汚染問題の一端は，自然界における窒素やリンの循環に人間の活動が無視できない規模で介入し，固定された窒素やリンが増える一方，脱窒菌による窒素への循環や無機リンへの循環が追いつかないために河川や海水が富栄養化することにある．

(3) $^{14}CO_2$はリブロース1,5-ビスリン酸のC-2に結合し，2分子の3ホスホグ

リセリン酸を生ずる．^{14}C は開裂に際して C-1 位に入るが，トリオースリン酸イソメラーゼによって一部はジヒドロキシアセトンリン酸（^{14}C-1）となる．両分子が結合してフルクトース 1,6-ビスリン酸になると ^{14}C は 3 位または 4 位（または両位置）に入ることになるが，組み合わせによってまったく入らない分子種も存在する．

(4) 1 分子の窒素を固定するのに 16 分子の ATP が必要である（p.125 参照）．したがって，6 分子の窒素を固定するためには 96 分子の ATP が必要である．一方，嫌気的条件ではグルコース 1 分子から 2 分子の ATP を生じる（8・1 節参照）．したがって，グルコース分子は 96/2 = 48 分子必要ということになる．

11 章　練習問題 解答例

(1) プライマー DNA，4 種類のデオキシヌクレオチド（dNTP）および DNA ポリメラーゼ

(2) *Sma* I は平滑末端を生ずるので，挿入する断片も平滑末端でなければならない．*Eco*RI は 5′ 末端に AATT が突き出ているので，dATP，dTTP と DNA ポリメラーゼを加えて相補鎖を合成し，平滑末端にすればよい．*Pst* I の場合，3′ が突出しているので大腸菌エキソヌクレアーゼ I（表 3・1）を用いて一本鎖を削り，平滑末端にすればよい（実際の実験では T4 DNA ポリメラーゼのエキソヌクレアーゼ活性を利用することが多い）．

(3) 転写は IPTG 添加直後から開始されると考えてよい．原核生物では転写と翻訳は同時に並行して起こる．したがって，β ガラクトシダーゼの合成は IPTG 添加直後に開始されると考えて大きな誤差はない．同酵素は 1021 個のアミノ酸残基からなるので，180 秒 /1021 = 0.176 秒 / 個となる．この結果は，β ガラクトシダーゼが実は四量体であるということを考慮しても変わらない．リボソームは間をおかずに mRNA に次々に結合するからである．

(4) mRNA は 16S リボソームの 3′ 末端に結合することによって，翻訳つまりタンパク質合成を開始する．したがって，3′ 末端が切断されてしまうと mRNA は結合できず，翻訳すなわちタンパク質合成が阻害される．

参考書案内

　本書は，生化学の入門書として，著者なりの構成を考えて書いたが，個々の項目についてはすでに刊行されている多くの教科書を参考にさせていただいた．本書内ではあまり煩雑になるのでいちいち典拠を示さなかったが，ここにさらに上級に進みたい学生諸君の参考に資するために，それらの教科書を含む参考書を挙げておきたい．

　本書と同じレベル（大学初年向き）の生化学の教科書に
　　猪飼 篤 著『基礎の生化学』（東京化学同人）
　　丸山工作 著『生化学（三訂版）』（裳華房）
　　野田春彦 著『生命の化学（改訂版）』（裳華房）
　　須藤和夫ら 訳『リッター 生化学』（東京化学同人）
などがある．少し上級の教科書として
　　田川邦夫 著『からだの生化学』（タカラ酒造）
　　左右田健次 編著『生化学―基礎と工学―』（化学同人）
などがある．
　最近，米国で書かれた大部の教科書が数多く翻訳されている．
　　ローン『生化学』（長野 敬・吉田賢右監訳，医学書院）
　　ヴォート『生化学』（田宮信雄ら訳，東京化学同人）
　　ストライヤー『生化学（第7版）』（入村達郎ら監訳，東京化学同人）
　　アルバーツら著『細胞の分子生物学（第3版）』（中村桂子ら監訳，教育社）
　問題を解くことは内容を確実に理解するために大いに役立つ．少し高度だが，
　　野田春彦 監修『生化学演習』（東京化学同人）
　　猪飼 篤・野島 博 著『生化学・分子生物学演習』（東京化学同人）
　　田之倉 優・西郷 薫ら 編著『大学演習 生化学』（東京化学同人）
もう少し，初級のものに
　　P. J. Friedman "Biochemistry" - A Review with Questions and Explanations- 4th ed. Little, Brown and Company
がある．

索　引

太字は詳しいページ

ギリシャ文字

α-アミラーゼ **52**, **94**, 170
α-グルコシダーゼ 94
α サラセミア 77
α ヘリックス **17**, 18, 20, 23, 24, 96, 155
α-リノレン酸 58, **117**
β-アミラーゼ 52, 94
β-ガラクトシダーゼ **136**, 137, 148
β-カロテン 63
β 構造 **17**, 18, 20, 23, 96, 161
β サラセミア 77
β 酸化 6, 32, 106, **107**, 108, 109, 111, 114, 173
β-ヒドロキシ酪酸 109
ρ 因子 135
σ 因子 **134**, 135

数字

1,3-ビスホスホグリセリン酸 **74**, 95, **96**, 97, 123
2-オキソグルタル酸 89, 98, **99**, 102, 109
9+2 構造 **154**, 155
11-シス-レチナール 62

アルファベット

ACP 114, **115**, 116
ADP 5, 30-32, 88, 95, **96**, 97, 99, 101, 102, 108, 113, 114, 122-125, 173
AIDS 35, **163**
AIDS ウイルス 163
AMP 30, **31**, 88, 90, **96**, 99, 102, 107, 129, 141
ARS 141
ATP 3, **4**, 5, 6, 8, **19**, 25, **28**, **30**, 31, 40, 57, 68, 78, 88-90, **94**, 95, **96**, 97, 99-104, 106-115, **120**, **121**, 122-126, 135, 141, 149, 154-156, 171, 173
ATP 合成酵素 **101**, 121, 151
A 部位 **142**, 143, 144
B 形 DNA 33
B 細胞 **158**, 159, 160, 162

C_3 植物 124
C_4 植物 124
cAMP 31, 42, 103, **104**, 105, 169
cAMP 依存性プロテインキナーゼ **104**, 174
CAM 植物 124
C. elegans 164
cGMP 153
CoQ **100**, 101
C 末端 15, **16**, 22, 23, 27, 32, 67, 86, 87, 90, 168, 169
DNA 1, 2, 7, 8, 15, **28**, 29-31, **32**, 33-43, 47, 90, **127**, 128-136, 138, 141, 146-148, 162, 164, 165, 167, 169, 176
DNA の塩基配列決定法 131, **146**
DNA ポリメラーゼ 89, 127, 128, **129**, **130**, 131, 133, 176
DNA ポリメラーゼ I **127**, 129
DNA ポリメラーゼ α, β, γ 130
DNA リガーゼ **32**, **39**, 40, **90**, **129**, 131, 133
ES 複合体 **79**, 80, 81, 85
E 部位 **143**, 150
FAD **31**, 32, 42, 82, 98, **99**, 100, 101, 107, 108, 111, 169, 170, 174
$FADH_2$ 6, **28**, **31**, 32, 98, **99**, **100**, 101, 102, 107, 108, 170
GPI アンカー 24, **25**, 67
GTP 24, **28**, 30, 90, 98-100, 103, 104, 113, 142-145, 153, 157
G タンパク質 24, **103**, 104, 111, 153, 173
H^+-ATPase 102
HDL 66
HIV 35, **163**
H 鎖 159, **161**, 162
IgG 158, 159, **161**, 162

IPTG **137**, 148, 176
LDL 66, **118**, 119
L 鎖 159, **161**, 162
mRNA 8, 35, 36, 41, 133, **134**, 137-146, 150, 162, 169, 176
NAD^+ **31**, 32, 82, 90, **97**, 98, 99, 100, 107, 113, 116, 117, 129
NADH 6, **28**, **31**, 32, 95, **97**, 98, **99**, **100**, 101, 102, 107, 108, 113, 116, 117
$NADP^+$ **43**, 90, 114, **117**, 118, 120-124
NADPH **32**, **43**, 107, 114, 116, **117**, 118, 119, **120**, **121**, 122-124, 175
N-アセチルグルコサミン **52**, **53**, 54, 55
N-アセチルノイラミン酸 **50**, 65, 66
N-アセチルムラミン酸 50, 53
N 型糖鎖 44, **54**
N 末端 15, **16**, 21-23, 27, 32, 43, 66, 67, 75, 87, 89, 141, 142, 150, 168
O 型糖鎖 **54**, 55
P680 **121**, 122
P700 121, **122**
PEP 97
PITC 21
pK_a 13, **14**, 93
P 部位 **142**, 143, 144, 150
RNA 8, 19, **28**, 30, 31, **32**, 35-37, 41-43, 47, 129, 130, 134, 135, 139, 142, 150, 162, 165, 169
RNaseH 129
RNA ポリメラーゼ 89, 129, 130, **134**, 135, 136, 137, 141
RNA ワールド 41, 165
RuBisCO **123**, 124
SD 配列 142
SSB 130

S-アデノシルメチオニン 13
S 字形 **73**, 76
TATA ボックス 134
TPP **99**, 111, 173
tRNA 35, 41, **140**, 141, 142-145, 150
T 細胞 **158**, 159-161, 163
UDP-グルコース 95, **113**, 124
VLDL 66

あ

アーサー・コーンバーグ（A. Kornberg）127
アクチン 2, 23, 25, **151**, **152**, **154**, 155, 156
アシドーシス 109
アシル CoA **107**, 116
アシルキャリアータンパク質 **115**, 116
アシルグリセロール 57, **58**, 60
アスパラギン 10, **12**, 54,
アスパラギン酸 10, **12**, 13, 14, 22, 26, 76, 87, 89, 110, 168, 169
アスパラギン酸カルバモイルトランスフェラーゼ 76
アセチル ACP 114, **115**
アセチル CoA 5, **6**, **43**, 98, 99, 100, 102, 106, **107**, 108, 109, 110, **112**, 114, 115, 116, 173, 174
アセチルコリンエステラーゼ 82, **87**
アセトアルデヒド 89, **97**, 110
アセトアルデヒドデヒドロゲナーゼ 110
アセト酢酸 109
アセトン 57, **109**
アデニル酸 30, 138
アデニレートシクラーゼ **103**, 104, 105
アデニン 13, 29, **30**, 31-34, 38, 139, 169

索　引

あ
アデノシン三リン酸 **5**, 30
アドレナリン 70, **104**, 105, 106, 171, 174
アブザイム 93
アポトーシス 164
アミノアシル tRNA 141, **142**, 143, 144, 150
アミノアシル tRNA 合成酵素 **90**, 141
アミノ糖 49
アミロース **51**, 52, 94
アミロペクチン **51**, 52
アラキドン酸 58, **59**, **117**, 174
アラニン 9, 10, **11**, 26, 53, **112**, 168
アラビノース 47
アルギニン 10, **13**, 14, 22, 26, 90, 109, 110, 169
アルコールデヒドロゲナーゼ 89, 90, 97, **110**
アルドース **46**, 48, 56, 90, 170
アロステリー **76**, 88, 99
アロステリック・エフェクター 96
アロステリック酵素 **76**, **88**, 96, 99, 103, 112, 149
アロステリックタンパク質 76
アンチコドン 35, **140**, 141
暗反応 5, **123**, 175
アンフィンゼン（C. B. Anfinsen） **19**, 25

い
異化作用 94
異性化酵素 **90**, 107
イソクエン酸 82, 98, **99**, 102
イソプレノイド 63
イソプレン 63
イソプロピルチオガラクトシド 137
イソメラーゼ 90
イソロイシン 10, **11**, 15
一次構造 **16**, 18, 19, 21, 22, 25, 72, 127, 131, 164, 166
一本鎖 DNA 結合タンパク質 130
遺伝子工学 37-39, **146**, 148, 153
遺伝情報 **7**, 8, 15, 21, 29, 32, 127, 134, 165
インシュリン 21, 70, **105**, 106, 173, 174
インシュリン受容体 105
インターロイキン **158**, 159, 161
イントロン 41, 134, **137**, 138, 139, 169

う
ウイルス 28, 34, 35, 38, 139, **152**, 153, 157, 160, 163,
ウラシル 30
ウレアーゼ **78**, 82, **125**
ウロン酸 50, **53**

え
エーブリー（O. T. Avery）29
液性免疫 158
エキソヌクレアーゼ **37**, 127, 131, 133, 176
エキソペプチダーゼ 22
エドマン法 **21**, 22
エピネフリン 104
エリトロース **47**, 48, 118, 123
エンドヌクレアーゼ **37**, 38, 133
エンドペプチダーゼ **22**, 86

お
オートファゴソーム 163
オートファジー **163**, 164
オートリソソーム 163
岡崎フラグメント **128**, 129, 130
オキサロコハク酸 99
オキサロ酢酸 89, 90, 98, **99**, 102, 109, **113**, 115, 124, 174
オキシドレダクターゼ 89
オペロン **135**, 136, 137
オリゴ糖 43, 44, 49, **50**, 94
オルガネラ 2, 4, 163
オルニチン **109**, 110
オレイン酸 58, **59**, 117

か
外呼吸 **71**, 171
開始因子 **142**, 143
開始コドン **140**, 141-143, 146
解糖系 6, 31, 46, 48, 49, 74, 75, 88, **94**, **95**, 97, 100, 102, 106, 112, 113, 116, 117, 124, 171-175
回文構造 39
界面活性剤 **68**, 69
化学浸透圧説 102
可逆的阻害剤 82
核酸塩基 **30**, 109, 165
核様体 2, 37
加水分解酵素 **90**, 93
カスケード機構 105
カスケード反応 91
活性部位 12-14, 22, 72, 81-84, **86**, 87, 92, 96, 155, 160, 173
可変領域 **161**, 162
鎌状赤血球貧血症 **75**, 76, **77**
ガラクトース **46**, **47**, 49, 51, 55, 65, 66, 90
カルバモイルリン酸 76, **109**, 110
カルビン回路 48, **123**, 124, 175
カルボニックアンヒドラーゼ **72**, 77, 82, 171
カロテノイド 63
がん遺伝子 157
ガングリオシド **66**, 70, 170
還元的ペントースリン酸回路 46, 47, 49, 117, **123**

き
基質 28, 31, 46, 48, 75, 76, **79**, 80, 83, 84, 86-88, 90, 92, 127, 131, 134, 135, 149, 172, 173
基質レベルのリン酸化 **97**, 102
キシルロース **47**, 48, 118, 123
キチン 52
キネシン 154
木村資生 166
キモトリプシン 22, 23, 26, 79, 82, 84, **86**, 87, 89
キャップ構造 **36**, 42, 138, 139, 169
キューネ（W. Kühne）78
鏡像異性体 9, 45
競争的阻害剤 82, 83
協同性 **74**, 77
キラー T 細胞 **160**, 161
金属プロテアーゼ 22
筋　肉 5, 15, 23, 72, 97, 104, 109, 112, 113, 151, **154**, 155, 156, 171

く
グアニル酸 30
グアニン 29, **30**, 33, 34, 103, 169
グアニンヌクレオチド結合タンパク質 103
クエン酸 **88**, **96**, 98, 99, 115
クエン酸回路 6, 31, 32, 72, 82, 95-97, **98**, 99-102, 108, 109, 115, 171, 173-175
クラスリン 150
グリコーゲン **43**, 44, **52**, 56, 88, **94**, 95, 105, 106, 113, 119, 170, 173, 174
グリコシド結合 30, 42, **50**, 51, 169
グリシン 9, 10, **11**, 18
グリセルアルデヒド 45, **46**, 47, 48
グリセルアルデヒド 3-リン酸 46, 48, **96**, 113, 117, 118, **123**, 124, 175
グリセロール 6, 60, 65, 70, **106**, 112, 116, 170
グリセロール 3-リン酸 **106**, 116
グリセロ脂質 63
グリセロ糖脂質 **63**, 65
グリセロリン脂質 **63**, 64, **67**
グルカゴン 70, **103**, 104-106, 174
グルコース 6, 7, 43, **44-49**, 50-52, 55, 56, 65, 66, **94**, 95, 97, 100, 103-106, 108, 109, 111, 112, **113**, 123, 124, 126, 170, 174-176
グルコース 1-リン酸 48, 94, 95, 105, **113**, 124, 174
グルコース 6-リン酸 48, **94**, 95, 113, 117, 118, 175
グルコシド結合 51
グルタミン 10, **12**
グルタミン酸 10, **12**, 14, 26,

89, 168
クレブス回路 99

け

形質転換 29, 39
血液型 **55**, 157
血液凝固系 **91**, 173
結合定数 **73**, 75
ケトーシス 109
ケトース **46**, 47, 48, 51, 56, 170
ケトン体 109
原核生物 **1**, 2, 37, 128, 131, 134, 135, 139, 141, 150, 176
原がん遺伝子 157

こ

コア酵素 134
好アルカリ菌 92
高エネルギー結合 31, 90, **97**
光合成 5, 46, 49, 65, 117, **120**, 121-124, 165, 175
光合成電子伝達反応 43, **120**, 124
合成酵素 90
抗体応答系 158
抗体酵素 92
抗体分子 20, **161**, 162
後天性免疫不全症候群 **35**, 163
コエンザイム Q 100
古細菌 2, 120, **165**
コドン **140**, 141-146, 165
コハク酸 83, 98, **99**, 100, 101
ゴルジ体 1, **2**, 43
コレステロール 57, **60**, 61, 66, **67**, 68, 70, 118, 119, 170
コレステロール受容体 118

さ

サイクリック AMP 31, **104**, 169, 173
サイクリック GMP 153
細胞呼吸 71
細胞骨格 2, 152
細胞性応答系 158
細胞膜 1, **3**, 4, 15, 24, 55, 57, 58, 60, 61, 63, 65, 67-70, 89, 101, 103, 105, 117, 118, 150, 151, 153, 155, 165, 170, 173, 174
サブユニット **20**, 21, 24, 74-76, 88, 96, 101, 103-105, 115, 134, 142, 143, 145, 149, 150, 155, 156
サリン 87
サンガー法 **21**, 146
酸化還元酵素 89, 90
酸化的ペントースリン酸回路 117
酸化的リン酸化 2, **5**, **97**, **102**, 121
三次構造 **18**, 19
酸性グリセロ糖脂質 65
酸素結合曲線 **72**, 73
産物 P 79

し

ジアシルグリセロール **60**, 63, 65, 70, 116
ジアステレオマー 46
紫外吸収 11, 12, **34**
シグモイド型 73
脂質 3, 5-8, 15, 16, 24, 25, 43, **57**, 66-68, 70, 106, 114, 153
脂質二重層 4, 24, 60, **67**, **68**, 69, 146
自食作用 163
システイン 9, 10, **13**, 14, 22, 105, 122
ジデオキシヌクレオチド鎖伸長停止法 **131**, 146
シトクロム *bf* 複合体 121
シトクロム P450 69
シトクロム還元酵素 100
シトクロム酸化酵素 100
シトシン 28, **30**, 33, 34, 38, 131, 169
ジヒドロキシアセトン **46**, 47, 48, 95,
ジヒドロキシアセトンリン酸 48, 95, 96, 100, 106, **112**, 113, 116, 123, 176
脂肪酸 6, 8, 32, 57, **58**, 59-63, 65, 66, 68, 70, 98, **106**, 107, 109, 112, **114**, 115-117, 119, 170, 174
脂肪酸合成酵素 115
ジホスファチジルグリセロール 63, **67**
シャイン・ダルガルノ配列 142
シャペロニン 25
終止コドン **140**, 143, 145, 146
修復能 131
主鎖 **16**, 17, 33, 52
脂溶性ホルモン 61, 106
小胞体 1, **2**, 43, 70, 155, 156
情報伝達 7, **8**, 24, 103, 117
初速度 75, **80**
ショ糖 **48**, **51**, 55, 94, **124**
真核生物 **1**, 2, 4, 24, 36, 100, 120, 129, **130**, 131, 133, 134, 137, 139, 141, 149, 151, 155, 165, 169
親水性 4, **9**, 10, **12**, 19, 23, 60, 68, 69
真正細菌 165
伸長因子 **142**, 143
シンテターゼ 90

す

膵臓 37, 89, **103**, 104-106, 173, 174
水素結合 2, **3**, **12**, 16, **17**, 18, 29, 34, 35, 169
水溶性ホルモン 106
スクシニル CoA 98, **99**, 102, **108**
スクロース **48**, **51**, 55, 56, 94, **124**
スチュアート因子 91
ステアリン酸 **58**, 59, **117**
ステロイド **60**, 61, 63
ステロイドホルモン 61, 69, **106**, 118
ステロール 60
スパランツァーニ (L. Spallanzani) 78
スフィンゴ脂質 63, 67
スフィンゴシン 63, **65**
スフィンゴ糖脂質 63, 65, 66
スフィンゴミエリン **63**, 65, **67**, 68, 70
スフィンゴリン脂質 63, 65
スプライシング **137**, 138, 162
スレオニン 10, **12**, 15, 54

せ

制限酵素 37, **38**, 39, 40, 90, 146, 148
制限酵素の発見 146
セカンドメッセンジャー 70, **104**, 173
赤血球 55, 68, **71**, 74-77
セリン 12
セリン酵素 **22**, 87
セリンプロテアーゼ **22**, 84, 86
セルロース 4, **43**, 51, 52, **124**, 174, 175
セレブロシド **65**, 66
遷移状態 79, **86**, 87, 92
遷移状態アナログ 92
旋光性 45
染色体 1, 33, **36**, 37, 111, 133, 137
線虫 164
セントラルドグマ 8

そ

双曲線型 72
阻害剤 **82**, 83-87, 119, 173
側鎖 9-15, **16**, 18, 61, 93
疎水性 4, **9**, 10, 11-13, 16, **19**, 23, 57, 67-69, 169
疎水性相互作用 **11**, 16
疎水性ポケット **86**, 87

た

ダーウィン (C. Darwin) 167
ターン **17**, 18, 169
ターンオーバー数 72, **81**, 82
タイチン 20, **151**, 152
ダイニン **154**, 155
脱窒 125
脱窒菌 **7**, 125, 175
脱離酵素 90
多糖類 43, 49, **50**, **51**, 52
炭酸同化作用 120
単純脂質 **57**, 58, 62, 65
単糖類 **43**, 44, 45, **47**
タンパク質工学 26, 92, 137
タンパク質分解酵素 12, **22**, 23

ち

チアミンピロリン酸 **99**, 111
チェイス (M. Chase) 29
チェク (T. Cech) **41**, 137
チオールプロテアーゼ 22
窒素固定 7, 120, **124**, 125
窒素固定菌 **7**, 125, 126

チミン **30**, 31, 33, 34, 132, 169
チミンダイマー 132
チミン二量体 **132**, 133
中間径フィラメント 152
中心教義 8
中性グリセロ糖脂質 65
中性脂質 60
チューブリン 2, 152, **154**
超可変領域 162
長鎖脂肪酸 **57**, 65
超分子 **149**, 151, 152
超らせん 1, 36, **37**
チロシン 10, **11**, 14, 34, 105, 106, 157, 168
チロシンキナーゼ活性 105
沈降係数 142

て
定常状態近似 **80**, 83
定常領域 **161**, 162
デオキシリボース 29, **30**, 31, 32, 47, 48, 133
デオキシリボ核酸 28, 29, 32, 48, 169
テルペノイド 63
テルペン 63
転移 RNA **35**, 140
転移酵素 44, 55, **89**, 112
電気陰性度 3
電子伝達系 6, 32, 71, 97, **100**, 101, 102, 117, 121, 173
デンプン 6, **43**, 44, **51**, 52, 94, **123**, **124**, 175

と
同化作用 **94**, 120
糖脂質 43, 55, **63**, 68
糖質 5-7, 15, **43**, 50, 57, 65, 70, 106
糖新生 5, 6, 61, 90, 109, **112**, 113, 119, 124, 174
糖タンパク質 4, 43, 44, 49, **54**, 55, 68, 105, 119
等電点 15, 26, 168
利根川進 162
ドメイン **19**, 20, 24, 76, 115, 161
トライアド 22, **86**
トランスフェラーゼ 76, **89**, 99, 107

トリアシルグリセロール **60**, 66, 70, **116**, 170
トリカルボン酸回路 99
トリグリセリド **60**, **106**, 107
トリプトファン 10, **11**, 15, 34
トロポニン 155, 156
トロポニン C 156
トロポミオシン 23, 24, **155**, 156
トロンボプラスチン 91

な・に
内呼吸 71
ニコチンアミドアデニンジヌクレオチド 31, 43, 169
ニコチンアミドアデニンジヌクレオチドリン酸 43
二酸化炭素の固定 **120**, 123
二次構造 **16**, **17**, 18, 19, 35
ニトロゲナーゼ **125**, 175
乳酸 95, 97, 109, **112**, 171
尿素回路 **109**, 110

ぬ・の
ヌクレアーゼ 37
ヌクレオイド 2, 37
ヌクレオシド **30**, 31, 48, 134
ヌクレオソーム 1, 36, **37**
ヌクレオチド 7, 8, 26, **28**, 29, **30**, 31, 32, 37, 39, 42, 122, 124, 127-133, 140, 175
脳血液関門 44

は
ハーゲマン因子 91
ハーシェイ (A. D. Hershey) 29
パスツール効果 **97**, 174
バリン 10, **11**, 15, 76
パリンドローム 39
パルミチン酸 **58**, **108**, 115, 116
反競争的阻害剤 82
半保存的複製 128, **147**

ひ
ビオチン **115**, 119, 174
光呼吸 124
光リン酸化 121
非競争的阻害剤 82
微小管 2, **152**, 155

ヒスチジン 10, **13**, 14, 15, 22, 86, 87, 172
ビタミン A **62**, 63
ビタミン B$_1$ **99**, 111
必須アミノ酸 **15**, 121
必須脂肪酸 **117**, 119, 174
ヒドロラーゼ 90
被覆小胞 150
ピラノース環 48
ピリミジン **30**, 76, 132, 142
ピルビン酸 6, **31**, 95, **97**, 98, 99, 100, 102, **112**, 113, 171, 174
ピルビン酸カルボキシラーゼ 90, **113**, 174
ピルビン酸脱水素酵素 98, **99**, 111, 174
ピロホスファターゼ 134
ピロホスホリラーゼ 113

ふ
フィードバック制御 **76**, 111, 173
フィブリン 91
フェニルアラニン 10, **11**, 15, 26, 34, 86, 169
フェニルイソチオシアネート 21
不可逆的阻害剤 **82**, 86
複合脂質 **57**, 63
複製 4, 29, 35, 39, **127**, 128, 130-132, 141, 146, 147
複製起点 39, 40, **128**, 129
複製フォーク **128**, 129, 130
ブドウ糖 6, **44**
不飽和脂肪酸 **58**, 59, 61, 63, 70, 107, 117, 170
フマル酸 83, 98, **99**, 101
プライマー 35, **129**, 130, 131, 176
プライマー RNA **129**, 130
プライマーゼ **129**, 130
プライモソーム 129, **130**
プラストキノン 121
プラストシアニン 121
フラノース環 48
フラビンアデニンジヌクレオチド **31**, 169
プリブナウ配列 134
プリン **30**, 142

フルクトース **47**, 48, 49, 51, 88, 94-96
フルクトース 1,6-ビスリン酸 95, **96**, 126, 176
フルクトース 6-リン酸 48, 88, **94**, 95, 96, 113, 117, 118, 123, **124**
プロスタグランジン **59**, 61, **117**, 174
プロセッシング **89**, 111, 138, 173
プロテアーゼ 14, **22**, 23, 37, 54, 91-93, 149, 173
プロテアソーム **149**, 163
プロテインシーケンサー 22
プロトン ATP アーゼ 102
ブロムシアン分解 **22**, 27
プロモーター **134**, 135-137
プロリルイソメラーゼ 25
プロリン 10, 11, 18, 23, 26, 169
分化・クローン化 158
分子活性 81
分子シャペロン 19, 25

へ
平衡定数 **73**, 75, **79**
ヘキソキナーゼ 94
ヘキソサミン 53
ベクターの開発 146
ヘパリン 53
ペプチドグリカン 4, 53, 92, 151
ペプチド結合 **15**, 16, 32, 79, 86
ヘム 71, **72**, 75
ヘモグロビン 15, 20, **71**, 72-77, 82, 88, 149, 166, 167, 171
ヘモグロビン S **75**, 77
ヘリカーゼ 130, **135**
ヘルパー T 細胞 **158**, 163
ペントースリン酸回路 46-49, 116, **117**, **118**, 119, 123, 175
べん毛モーター 151

ほ
補因子 41, **82**
飽和脂肪酸 **58**, 59, 61, 63, 70, 107, 117, 170
飽和度 **73**, 74, 77

補欠分子族 82
補酵素 7, 8, 25, 28, 69, **82**, 90, 99, 100, 107, 111, 117, 129, 174
ホスファチジルイノシトール 64, 67, 68, 70
ホスファチジルエタノールアミン **63**, 64, 67
ホスファチジルグリセロール **67**, 68
ホスファチジルコリン **63**, 64, **67**, 68, 70, 170
ホスファチジルセリン **64**, **67**, 68
ホスファチジン酸 **64**, 68, 116
ホスホエノールピルビン酸 90, 95, **97**, 112, **113**, 124
ホスホグルコムターゼ 94, 113
ホスホフルクトキナーゼ 75, **88**, 95, **96**, 97, 102, **112**, 113, 173
ホスホリパーゼ **63**, 64, 70, 106, 107, 173
ホスホリラーゼ 56, **94**, **105**, 170
補体 159, 160
ホメオスタシス 4, 8
ホメオボックス 164
ポリAテイル 138
ホルミルメチオニン 141
ホルモン 4, 8, 15, 24, 57, 60, 61, 69, 70, 89, 103-105, **106**, 117-119, 171, 173
ホロ酵素 134

ま

膜タンパク質 4, **24**, 25, 69, 150, 151
マクロファージ 149, **158**, 159-161
マルトース **51**, 52, 56, 94, 170
マロニル CoA 114, **115**, 116, 174
マンノース 44, **46**, **47**, 49, 54

み

ミーシャー（F. Miescher） 28
ミオグロビン 20, 71, **72**, 73, 74, 77, 171
ミオシン 151, 152, **154**, 155, 156
ミオシン繊維 151
ミカエリス-メンテン（Michaelis-Menten）の式 **80**, 81
水 1, **2**, 3, 12, 17, 45, 57, 68, 69, 71, 78, 87, **100**, 121, 122, 170
水栽培 122
ミセル **68**, 69
三つ組 22, **86**
ミトコンドリア 1, **2**, 4, 63, 68, 98, 100, 101, 110, 113, **115**, 120-122, 130, 151, 154, 163, 165

む・め

ムコ多糖 **53**, 54
メセルソンとスタールの実験 147
メチオニン 10, **13**, 15, 22, 122, 140, 141
メチルマロニル CoA 108
メッセンジャー RNA 35, **134**, 137
免疫 157-164

も

モノアシルグリセロール 60, 106, 116
モノオキシゲナーゼ 69

や・ゆ・よ

薬剤耐性遺伝子 **39**, 40
遊離因子 **143**, 145
葉緑体 **120**, 122
四次構造 20

ら

ラインウィーバー-バークプロット 81
ラギング鎖 **128**, 129, 130
ラクトース 49, 51, 56, 136, 137, 170
ラクトースオペロン **135**, 136, 137
ランゲルハンス島 **103**, 105, 174

り

リアーゼ 90
リーディング鎖 **128**, 129, 130
リガーゼ **90**, 130
リシン 10, **13**, 14, 15, 22, 26, 53, 90, 168, 169
リソソーム **2**, 4, 44, 163
リゾチーム 90, **92**
律速段階 79
リノール酸 **58**, 59, **107**, **117**, 174
リノレン酸 58, **107**, 117, 174
リブロース **47**, 48, 118, 123, 124, 175
リブロース 1,5-ビスリン酸カルボキシラーゼ・オキシゲナーゼ **123**, 124
リボース **30**, 31, 32, 35, **47**, 48, 118, 123, 131, 175
リボ核酸 28, 32, 48, 169
リボザイム **36**, **41**, 42, **137**, 165, 169
リボソーム 2, 35, 43, 140, 141, **142**, 143-145, 148, **150**, 151, 154, 176
リポソーム **68**, 69
リポタンパク質 61, **66**, 118
リボヌクレアーゼA 19
リボヌクレオチドレダクターゼ 48
両逆数プロット 81, 84
両親媒性 **68**, 69
臨界ミセル濃度 68
リンゴ酸 98, **99**, 102, **113**, 115
リン脂質 4, 61, **63**, 64, 66, 68, 70, 106, **116**, 175

る・れ

ルイ・パスツール 45
レチナール 62, 153
レチノール 62

ろ

ロイシン 10, **11**, 15, 26, 169
ロウ **62**, 70, 170
ロドプシン 62, **153**, 154

わ

ワックス **62**, 70, 170
ワトソン・クリックモデル 29, 33, 34, **147**

著者略歴

有坂文雄
(ありさか ふみお)

1948 年	神奈川県に生まれる．
1972 年	東京大学教養学部基礎科学科卒業
1974 年	東京大学大学院理学系研究科修士課程修了 （生物化学専攻）
1977 年	米国オレゴン州立大学大学院博士課程修了 （生物物理学専攻）Ph.D.
1977 年	スイスバーゼル大学バイオセンター博士研究員
1980 年	北海道大学薬学部助手
1990 年	東京工業大学生命理工学部助教授
2010 年	東京工業大学大学院生命理工学研究科教授
2014 年	東京工業大学名誉教授 日本大学生物資源科学部生命科学研究センター研究員・ 非常勤講師

主な著書

「スタンダード生化学」（裳華房，1996）
「タンパク質のかたちと物性」（共立出版，1997，共編）
「バイオサイエンスのための蛋白質科学入門」（裳華房，2004）
「タンパク質科学」（化学同人，2005，共著）
「タンパク質をみる」（化学同人，2009，共著）

よくわかる スタンダード生化学

2015 年 11 月 5 日　第 1 版 1 刷発行
2021 年 8 月 25 日　第 1 版 3 刷発行

検印省略

定価はカバーに表示してあります．

著作者	有坂文雄
発行者	吉野和浩
発行所	東京都千代田区四番町 8-1 電話　03-3262-9166(代) 郵便番号 102-0081 株式会社　裳華房
印刷所	横山印刷株式会社
製本所	株式会社　松岳社

一般社団法人
自然科学書協会会員

JCOPY 〈出版者著作権管理機構　委託出版物〉
本書の無断複製は著作権法上での例外を除き禁じられています．複製される場合は，そのつど事前に，出版者著作権管理機構（電話 03-5244-5088，FAX 03-5244-5089，e-mail: info@jcopy.or.jp）の許諾を得てください．

ISBN 978-4-7853-5232-5

ⓒ 有坂文雄, 2015　　Printed in Japan

★★ 有坂文雄先生ご執筆の書籍 ★★

タンパク質科学 ―生物物理学的なアプローチ―

B5判／208頁／3色刷／定価3520円（本体3200円＋税10％）

東京工業大学生命理工学部での講義「蛋白質科学」の講義ノートを元に加筆，再構成した『バイオサイエンスのための蛋白質科学入門』を，タンパク質に関わる最近の多くの発見を補完し，また多色刷りにより大幅にリニューアルした．多数の美麗な立体構造図を示しながら，タンパク質の基礎から最先端の動向までを解説する．

主要目次 タンパク質とは何か／タンパク質の高次構造／タンパク質の立体構造を安定化する力／ポリペプチドの折りたたみ（フォールディング）／タンパク質のサブユニット構造／タンパク質の生合成／タンパク質と低分子リガンドの結合／タンパク質分子の相互作用／消化酵素・細胞内プロテアーゼ・エネルギー依存性タンパク質分解システム／超分子タンパク質集合体／タンパク質の概念に大きな影響を与えた発見／ゲノムとタンパク質 ―タンパク質科学の新しい局面―

コア講義 生化学

田村隆明 著　A5判／208頁／2色刷／定価2750円（本体2500円＋税10％）

分子生物学の隆盛によりさらなる発展を遂げた生化学．この双方に精通した著者による生化学の教科書．生化学の必要項目を網羅し，さらに発展的学習をサポートするコラムや解説も豊富に用意，専門課程に移るための橋渡しの役割も備えている．これから本格的に生化学を学ぼうとする初学者のための導入書として最適の一冊．

イラスト 基礎からわかる 生化学 ―構造・酵素・代謝―

坂本順司 著　A5判／292頁／2色刷／定価3520円（本体3200円＋税10％）

難解になりがちな生化学を，かゆいところに手が届く説明で指南する入門書．目に見えずイメージがわきにくい生命分子を多数のイラストで表現し，色刷りの感覚的なさし絵で日常経験に結びつける．なじみにくい学術用語も，ことばの由来や相互関係からていねいに解説した．本書に準拠したワークブックに，『ワークブックで学ぶ ヒトの生化学』［定価1760円（本体1600円＋税10％）］がある．

しくみからわかる 生命工学

田村隆明 著　B5判／224頁／2色刷／定価3410円（本体3100円＋税10％）

医学・薬学や農学，化学，そして工学に及ぶ幅広い領域をカバーした生命工学の入門書．厳選した101個のキーワードを効率よく，無理なく理解できるように各項目を見開き2頁に収め，豊富な図で生命工学の基礎から最新技術までを詳しく解説する．

新 バイオの扉 ―未来を拓く生物工学の世界―

高木正道 監修／池田友久 編集代表　A5判／270頁／定価2860円（本体2600円＋税10％）

レッドバイオ（医療・健康のためのバイオ），グリーンバイオ（植物・食糧生産のためのバイオ），ホワイトバイオ（バイオ製品の工業生産）等，暮らしに役立つバイオ技術の最新の話題を，第一線の現場で活躍する日本技術士会生物工学部会の会員がわかりやすく解説．大学でのバイオ関連講義の副読本としても好適な一冊．

主な内容 生体防御／バイオ医薬品／診断薬／化粧品の安全性／再生医療／遺伝子組換え作物／家畜の育種／生物農薬／機能性食品／バイオリファイナリー／バイオ燃料／バイオプラスチック／酵素プロセス／次世代シーケンサー／ATP／環境浄化技術／地殻微生物の世界／バイオをめぐる知財　ほか

ゲノム編集の基本原理と応用 ―ZFN, TALEN, CRISPR-Cas9―

山本 卓 著　A5判／176頁／4色刷／定価2860円（本体2600円＋税10％）

ライフサイエンスの研究に興味をもつ学生をおもな対象に，ゲノム編集はどのような技術であるのか，その基本原理や遺伝子の改変方法について，できるだけ予備知識がなくとも理解できるように解説した．さらに，農林学・水産学・畜産学や医学など，さまざまな応用分野におけるこの技術の実例や可能性についても記載した．

裳華房ホームページ　https://www.shokabo.co.jp/

主要(

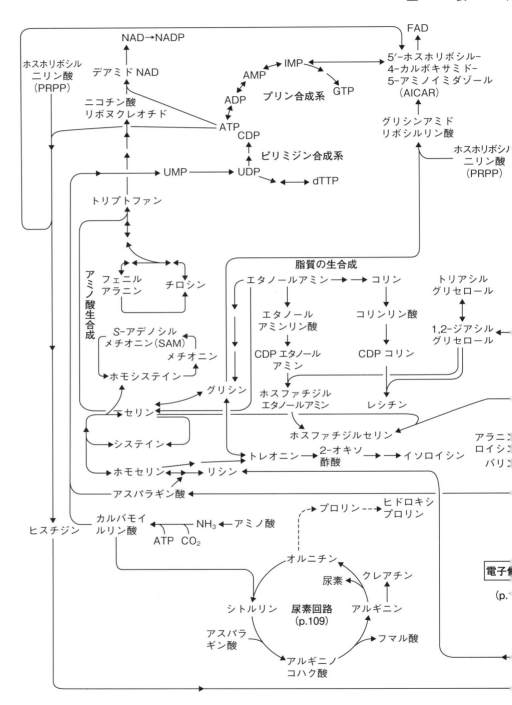